NITE 国家软件与集成电路公共服务平台信息技术紧缺人才培养工程指定教材

工业和信息化人才培养规划教材

Objective-C 入门教程

传智播客高教产品研发部 编著

有问题，就找问答精灵！

人民邮电出版社

北京

图书在版编目（CIP）数据

Objective-C入门教程 / 传智播客高教产品研发部编
著. -- 北京 ：人民邮电出版社，2015.2（2022.8重印）
工业和信息化人才培养规划教材
ISBN 978-7-115-35625-3

Ⅰ. ①O… Ⅱ. ①传… Ⅲ. ①C语言－程序设计－教材
Ⅳ. ①TP312

中国版本图书馆CIP数据核字(2015)第004260号

内 容 提 要

　　Objective-C 是一种面向对象编程语言，是用于 iOS 设备开发的主流语言。本书作为 iOS 开发的入门教材，站在初学者的角度，以形象的比喻、实用的案例、通俗易懂的语言，详细讲解了 Objective-C 语言。全书分为 9 章，前 8 章主要讲解了 Objective-C 的基本知识，包括开发工具的安装使用、面向对象思想、分类、Foundation 框架以及在程序中，如何调试程序、处理错误等。第 9 章则带领大家开发了一个 iOS 程序，帮助大家建立学习 OC 的兴趣和自信心。

　　本教材附有配套视频、源代码、习题、教学课件等资源，而且为了帮助初学者更好地学习本教材中的内容，还提供了在线答疑，希望得到更多读者的关注。

　　本书既可作为高等院校本科、专科计算机相关的程序设计课程教材，也可作为 iOS 技术基础的培训教材，是一本适合广大移动开发编程初学者的入门级教材。

◆ 编　　著　传智播客高教产品研发部
　　责任编辑　范博涛
　　责任印制　杨林杰

◆ 人民邮电出版社出版发行　北京市丰台区成寿寺路 11 号
　　邮编　100164　电子邮件　315@ptpress.com.cn
　　网址　http://www.ptpress.com.cn
　　固安县铭成印刷有限公司印刷

◆ 开本：787×1092　1/16
　　印张：10.25　　　　　　　2015 年 2 月第 1 版
　　字数：251 千字　　　　　　2022 年 8 月河北第 7 次印刷

定价：34.00 元（附光盘）

读者服务热线：(010)81055256　印装质量热线：(010)81055316
反盗版热线：(010)81055315

序言　PREFACE

　　江苏传智播客教育科技股份有限公司（简称传智播客）是一家致力于培养高素质软件开发人才的科技公司，"黑马程序员"是传智播客旗下高端 IT 教育品牌。

　　"黑马程序员"的学员多为大学毕业后，想从事 IT 行业，但各方面条件还不成熟的年轻人。"黑马程序员"的学员筛选制度非常严格，包括了严格的技术测试、自学能力测试，还包括性格测试、压力测试、品德测试等。百里挑一的残酷筛选制度确保学员质量，并降低企业的用人风险。

　　自"黑马程序员"成立以来，教学研发团队一直致力于打造精品课程资源，不断在产、学、研 3 个层面创新自己的执教理念与教学方针，并集中"黑马程序员"的优势力量，针对性地出版了计算机系列教材 80 多册，制作教学视频数十套，发表各类技术文章数百篇。

　　"黑马程序员"不仅斥资研发 IT 系列教材，还为高校师生提供以下配套学习资源与服务。

为大学生提供的配套服务

　　1. 请同学们登录在线平台 http://yx.ityxb.com，进入"高校学习平台"，免费获取海量学习资源。帮助高校学生解决学习问题。

　　2. 针对高校学生在学习过程中存在的压力等问题，我们还面向大学生量身打造了 IT 技术女神——"播妞学姐"，可提供教材配套源码、习题答案以及更多学习资源。同学们快来关注"播妞学姐"的微信公众号 boniu1024。

"播妞学姐"微信公众号

为教师提供的配套服务

　　针对高校教学，"黑马程序员"为 IT 系列教材精心设计了"教案+授课资源+考试系统+题库+教学辅助案例"的系列教学资源，高校老师请登录在线平台 http://yx.ityxb.com 进入"高校教辅平台"或关注码大牛老师微信/QQ：2011168841，获取配套资源，也可以扫描下方二维码，加入专为 IT 教师打造的师资服务平台——"教学好助手"，获取最新的教学辅助资源。

"教学好助手"微信公众号

Objective-C 语言是苹果公司 Mac OS X 和 iOS 操作系统的核心，它在 C 语言的基础上进行扩充，是支持面向对象的一门语言。

本书作为 iOS 开发的入门教材，站在初学者的角度，以形象的比喻、实用的案例，通俗易懂的语言，详细讲解了 Objective-C 语言。翻阅本书，您会发现本书的知识讲解都是通过结合生活案例来引入的，每个知识点都配有案例，案例注释详细，案例分析针对性强。另外，为了克服大篇幅文字，缺乏阅读兴趣，本书在内容编排上，尽量采用插图表格等形式，一目了然，真正做到了通俗易懂、由易到难。

本教材共分为 9 个章节，接下来分别对每个章节进行简单地介绍，具体如下。

第 1 章主要介绍了 Objective-C 语言的相关知识，包括 Objective-C 的概念、语言特点、开发框架、开发工具的介绍，并带领大家开发了第一个 Objective-C 程序。通过本章的学习，要求初学者对 Objective-C 这门语言有一个大致的认识，并且可以使用 Xcode 工具编写第一个 Objective-C 程序。

第 2~3 章讲解了 Objective-C 面向对象的语法及特征，包括类和对象、封装、继承、多态、点语法、属性等，要求初学者会使用 Objective-C 语言进行面向对象编程。

第 4~8 章主要讲解了 Objective-C 特有的一些概念，包括引用计数器、ARC 机制、分类、协议、代理、Foundation 框架、plist 文件等，要求初学者不仅能掌握理论知识，还能动手编写对应的案例，深入全面地学习 Objective-C 这门语言。

第 9 章主要讲解了 iOS 开发的一些基础知识，并运用 Objective-C 的相关知识，开发了一个简单的计算器，帮助初学者建立学习 iOS 的兴趣。

在上面提到的 9 个章节中，每个章节都采用理论结合案例的写法，详细全面地介绍了 Objective-C 语言，希望初学者在学习过程中，勤动脑、多动手，熟练掌握 Objective-C 这门语言。

另外，如果读者在理解知识点的过程中遇到困难，建议不要纠结于某个地方，可以先往后学习，通常来讲，看到后面对知识点的讲解或者其他小节的内容后，前面看不懂的知识点一般就能理解了，如果读者在动手练习的过程中遇到问题，建议多思考，理清思路，认真分析问题发生的原因，并在问题解决后多总结。

致谢

本教材的编写和整理工作由传智播客教育科技有限公司高教产品研发部完成，主要参与人员有徐文海、高美云、王晓娟、陈欢、贡宗新、马丹、黄云、韩冬研发小组全体成员在这近一年的编写过程中付出了很多辛勤的汗水，在此一并表示衷心的感谢。

意见反馈

尽管我们尽了最大的努力，但教材中难免会有不妥之处，欢迎各界专家和读者朋友们来信来函给予宝贵意见，我们将不胜感激。您在阅读本书时，如发现任何问题或有不认同之处可以通过电子邮件或 QQ 与我们取得联系。

请发送电子邮件至：itcast_book@vip.sina.com

传智播客教育科技有限公司　高教产品研发部

2014-10-1 于北京

Objective-C方向　　　　　　Swift方向

初级

C语言程序设计教程

数据类型　运算　分支　循环　函数　数组　字符串
指针　结构体　枚举　预编译　内存分配

Objective-C入门教程

面向对象　点语法　属性　Category　Protocol　扩展
代理　文件操作　MRC　ARC　Foundation框架

Swift项目化开发基础教程

关键字　标识符　常量　变量　基本数据类型　元组类型
区间运算符　Optional可选类型　控制流　字符串
集合　函数　闭包　枚举　面向对象编程　扩展　协议
内存管理　泛型　错误处理机制　访问控制　命名空间
高级运算符　Swift和OC项目的相互迁移
综合项目——2048游戏

涵盖了对C、OC的对比
加深Swift基础学习

中级

iOS开发项目化入门教程

UI　表视图　多视图控制器管理　数据存储
设计模式和机制　事件　手势识别　核心动画

iOS开发项目化经典教程

多线程　网络编程　iPad开发　多媒体　硬件　国际化
Address Book　地图开发　推送机制　内购　广告
指纹识别　屏幕适配　二维码扫描

基于Swift语言的iOS App商业实战教程

功能模块：
第三方接口文档的使用　项目启动信息设置　用户账号　项目结构搭建
项目界面搭建　访客视图　登陆授权　欢迎界面　微博首页
微博发布　真机调试　显示转发微博　数据缓存与清理

知识点：
UI开发　表视图　多视图控制器管理　数据存储　设计模式　自动布局
事件和手势开发　网络（框架）　多线程　SnapKit框架

通过借助新浪平台，开发
了一个完整的微博iOS项目，
帮助大家掌握iOS项目的
真实开发过程。

高级

核心技术

社交分享　静态库　XMPP即时通讯　支付宝　第三方存储技术　人脸识别 ……

实战项目

捕鱼达人　微信打飞机　微信聊天　保卫萝卜　拳皇横版过关　网易彩票　AppWatch开发　美团外卖　QQ空间　QQ播放器　生活圈 ……

属于老师及学生的在线教育平台
http://yx.ityxb.com/

让 IT教学更简单

教师获取教材配套资源

教案　　授课资源　　考试系统

在线题库　　教学辅助案例　　……

添加微信/QQ
2011168841

让 IT学习更有效

学生获取配套源码

关注微信公众号"播妞学姐"
获取教材配套源码

专属大学生的圈子

3

目
录

PART 1

第1章
Objective-C 入门

📖 学习目标

- 了解什么是 Objective-C 及其语言特点
- 掌握 Xcode 的安装和基本使用
- 掌握 Hello World 程序的编写

随着 Mac OS X 和 iOS 系统的不断发展，越来越多的移动开发者开始学习 Objective-C。Objective-C 是一门编程语言，它主要用于编写 Mac OS X 和 iOS 操作系统上的应用程序，如 Mac、iPhone、iPod touch、iPad 等设备上的应用。本章将针对 Objective-C 语言的一些基础知识进行详细讲解，并带领大家开发第一个 Objective-C 程序。

1.1　Objective -C 概述

1.1.1　什么是 Objective -C

Objective-C 语言是苹果公司 Mac OS X 和 iOS 操作系统的核心，它在 C 语言的基础上进行扩充，是支持面向对象的一门编程语言。通常情况下，我们把 Objective-C 简称为 OC。OC 不仅功能强大，而且具有很悠久的历史，为了帮助大家更好地认识 OC，下面将针对 OC 的发展历程及变化进行详细讲解。

在 20 世纪 80 年代早期，布莱德·考克（Brad Cox）设计了 OC 语言，它在 C 语言的基础上增加了一层，这意味着对 C 进行了扩展，从而创造出一门新的程序设计语言，支持对象的创建和操作。

1988 年，Next 计算机公司获得了 OC 语言的授权，并发展了 OC 的语言库和一个开发环境，即 NEXTSTEP。

1994 年，Next 计算机公司（同年更名为 Next 软件公司）和 Sun 公司针对 NEXTSTEP 系统联合发布了一个标准规范，名为 OPENSTEP。

1996 年，苹果公司宣布收购 Next 软件公司，并把 NEXTSTEP/OPENSTEP 环境变成苹果操作系统下一个主要发行版本 OS X 的基础，这个开发环境的版本被苹果公司称为 Cocoa，它得到了 Mac 开发人员的广泛认可。另外，由于 Cocoa 内置了对 OC 语言的支持，久而久之，

OC 成为了 Mac OS X 平台的首选开发语言。

可能有的人会觉得 OC 都问世二十多年了，而且开发 iOS 程序的另外一种语言 Swift 也出现了，学习 OC 语言肯定会过时，其实这种想法是错误的。因为 OC 是由一群优秀的编程人员耗费数年完成的，并且他们从未停止过更新和改进，经过这么多年发展，OC 已经演化成了一种功能强大的语言。因此，OC 语言仍然被无数程序员追捧，而掌握 OC 语言的开发人员更是 IT 职场中受人青睐的稀缺人才。

1.1.2　语言特点

OC 作为开发 Mac OS X 和 iOS 的核心语言，离不开它独特的语言特点。与其他编程语言相比，OC 语言的特点可以归纳为三点，具体如下。

1．简单

与其他流行的面向对象编程语言相比，OC 主要的优势在于其语法简单，初学者只需要非常短的时间就可以掌握面向对象编程的核心方法，快速上手。同时，由于 OC 对 C 语言完全兼容，熟悉 C 语言的程序员在处理非面向对象部分的编码时，可以直接使用 C 语言进行编写，从而使得 OC 在处理一些底层功能或效率要求较严格的功能时，能够保留 C 语言在这些方面的优良特性。

2．面向对象

OC 是一种面向对象的程序设计语言，它与大多数支持面向对象编程的语言一样，提供封装、继承、多态等特性。从本质上说，OC 对 C 语言扩充的部分，即面向对象编程语法；而在另一方面，其所有非面向对象的语法，如简单的变量类型定义、宏定义、表达式、函数定义及函数调用等，则与 C 语言是完全兼容的。因此，一个由 C 语言编写的程序仍然可以在支持 OC 的编译器上成功编译。

3．动态特性

与 C++、Java 等程序设计语言相比，OC 的动态特性是显著特点之一。所谓动态特性，是指诸如所调用的方法名、目标对象的类名等都不在编译时指定，而是在运行时指定。以方法调用为例，在 OC 里，方法调用的具体地址并不在编译时指定，而是在运行时利用消息传递进行实现。系统会根据消息名，在接收到该消息的类的方法列表中查找该消息名，若查找成功，则进行执行。这样的特性使得应用程序能够在运行时动态地指定调用方法的目标对象，同时也使图形界面的编写方式更加简洁。

1.1.3　开发框架

在学习 OC 之前，初学者还需要对开发框架的概念有所了解。正如建筑框架为建筑工人提供了添砖加瓦的基础一样，开发框架实际上就是帮助开发人员多快好省地搭建各种应用程序的一系列辅助资源，包括头文件、库文件、各种驱动程序等。而运用在 Mac OS X 平台上的 Cocoa 以及运用在 iOS 平台上的 Cocoa Touch，则正是苹果公司为 OC 开发人员提供的一系列强大的开发框架。下面将针对 Cocoa 和 Cocoa Touch 框架进行详细讲解。

1．Cocoa

Cocoa 是 Mac OS X 的开发框架，它是 Mac OS X 中五大 API 之一，包含了很多框架，最重要的是 Foundation 和 ApplicationKit 这两个基础框架。其中，Foundation 框架拥有 100 多个类，其中有很多有用的、面向数据的低级类和数据类型，如 NSString、NSArray、NSEnumerator 和 NSNumber，而 ApplicationKit 包含了所有的用户接口对象和高级类。

2．Cocoa Touch

Cocoa Touch 是 iOS 的开发框架，它包含了很多子框架，最重要的是 Foundation 和 UIKit 这两个基础框架。其中，UIKit 用于构建前端界面，它提供了许多类型的组件。这些组件可以自由组合，轻松构建出美观的界面。

除此之外，Cocoa 和 Cocoa Touch 框架还提供了许多功能丰富的扩展框架。这些框架可以使我们开发的应用能够支持众多的应用功能，如音频处理、动画效果、图像绘制等。每一个扩展框架都有一个扩展名为.h 的主头文件，程序员只要使用#import 语句导入这一主头文件，就可以在程序中任意调用该框架为开发者提供的所有功能了。

1.2 开发工具

1.2.1 Xcode 概述

开发 OC 程序，可以选择用户电脑里应用程序中的终端，通过命令行操作，创建文本文档、编写程序，之后继续通过命令行完成程序编译。但是这样操作非常麻烦，为了方便实际开发，苹果公司向开发人员免费提供了开发工具：Xcode，可以用它来编辑、编译、运行以及调试代码。

俗话说，"工欲善其事，必先利其器"。要想在 iOS 系统中开发应用程序，首先需要在 Mac OS X 计算机上配备一个 Xcode 工具。Xcode 是苹果公司提供的一个集成开发环境，可用于管理工程、编辑代码、构建可执行文件、进行代码调试等。为了帮助大家更好地认识 Xcode，下面将从 Xcode 的适用性、辅助设计、开发文档支持三方面进行详细讲解。

1．适用性方面

Xcode 中所包含的编译器除了支持 OC 以外，还支持 C 语言、C++、Fortran、Objective-C++、Java、AppleScript、Python 以及 Ruby 等，同时还提供 Cocoa、Carbon 以及 Java 等编程模式。另外，某些第三方厂商也提供了 GNU Pascal、Free Pascal、Ada、C Sharp、Perl、Haskell 和 D 语言等编程语言的支持。

2．辅助设计方面

使用 Xcode 工具开发应用程序时，只需要选择应用程序对应的类型或者要编写代码的部分，然后 Xcode 工具中的模型和设计系统会自动创建分类图表，帮助开发人员轻松定位并访问相应的代码片段。另外，Xcode 工具还可以为开发人员的应用程序自动创建数据结构，开发人员无需编写任何代码，就可以自动撤销、保存应用程序。

3．开发文档支持方面

Xcode 提供了高级文档阅读工具，它用于阅读、搜索文档，这些文档可以是来自苹果公司网站的在线文件，也可以是存放在开发人员电脑上的文件。

1.2.2 Xcode 安装

在对 Xcode 有了基本了解之后，为了使初学者能更好地开始学习这门语言，就需要安装 Xcode。Mac OS X 系统安装时没有默认自带 Xcode 软件，而是通过 App Store 向用户免费提供。因此，用户需要通过 App Store 来下载 Xcode 的安装文件并进行安装。

为了帮助大家快速掌握 Xcode 工具的安装，下面对 Xcode 的安装进行讲解，具体步骤如下。

1．打开 App Store

打开 App Store 的方式比较简单，点击 Dock 栏上的 App Store 图标，可以在用户的应用程序文件夹中打开 App Store，具体如图 1-1 所示。

图 1-1　单击 Dock 导航条上的 App Store 图标

2．搜索 Xcode

点击图 1-1 所示的 App Store，会弹出一个窗口。该窗口有很多应用程序，这时，在右上角的搜索框中输入 Xcode 进行搜索，可以在窗口的某个位置看到 Xcode，如图 1-2 所示。

图 1-2　在 AppStore 中搜索"Xcode"关键字

3．下载安装

点击图 1-2 所示的【Xcode】，进入 Xcode 工具的下载页面，如图 1-3 所示。

点击图 1-3 中的【免费】按钮，然后点击【安装 App】按钮，App Store 就会把 Xcode 安装到你的应用程序中。下载完成后，如果点击【前往】→【应用程序】看到应用程序列表中出现了 Xcode，就说明 Xcode 安装成功了。

图 1-3　Xcode 下载页面

➲ 注意：Xcode 不同版本的下载

因为 Xcode 的版本更新比较频繁，所以当你看到这本书的时候，打开 AppStore 之后，也许 Xcode 的版本已经是 6.1 或者更高版本，而本书中 Xcode 使用的版本为 5.1.1，如果去 App Store 中下载，不能直接下载到。想找到指定的 Xcode 旧版本，有一种途径就是去苹果开发者网站注册成为免费的开发者会员，然后去苹果开发者网站下载，操作步骤具体如下。

（1）在图 1-3 中的右侧点击【Xcode 支持】，会进入苹果开发者网站 Xcode 支持页面，如图 1-4 所示。

图 1-4　苹果开发者网站 Xcode 支持页面

（2）在开发者网站 Xcode 支持页面中，通过点击页面中的蓝色字体【download previous versions of Xcode】去下载不同版本的 Xcode，会跳转进入下一个页面，进行开发者账号登录，如图 1-5 所示。

图 1-5　开发者账号登录

（3）在这里如果没有开发者账号，那么就点击提示框左边的【Register】按钮，按照操作提示注册一个免费的开发者账号，这里就不做详细介绍了，等注册完毕后返回该页面登录。如果开发者已经注册成功一个开发者账号，那么就在上面的两个文本输入框内分别输入账号和密码，然后点击右侧按钮【Sign In】，跳转回图 1-4 所示的页面，重复步骤（2）的操作，会进入 Xcode 版本选择页面，如图 1-6 所示。

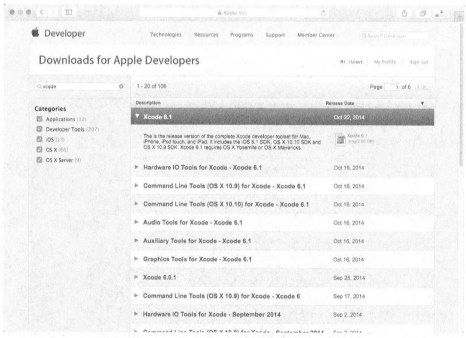

图 1-6　Xcode 版本选择页面

将图 1-6 所示的页面下拉之后就可以找到 Xcode5.1.1 或者更早的版本了，然后点击进行下载。

👆多学一招：使用 Xcode 下载其他工具

Xcode 工具安装完成后，还可以根据需要下载 iOS 开发模拟器和帮助文档，而下载这些工具的方式非常简单，只需打开 Xcode，进入菜单栏中的【Xcode】→【Perference】选项，在弹出的窗口中点击【Downloads】选项，如图 1-7 所示。

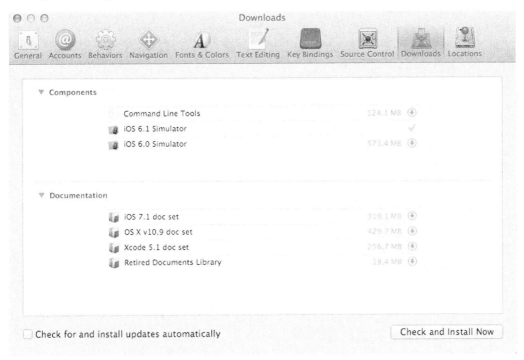

图 1-7　工具下载页面

从图 1-7 中可以看出，Xcode 提供了很多可下载的工具，其中【Components】提供的是 iOS 开发的模拟器和命令行工具，【Documentation】提供的是 iOS 开发文档。这些文档都会定期更新，呈现最新版本。对于初学者，下载 Command Line Tools 和最新的文档文件就足够了。

1.3　第一个 OC 程序

通过对 1.2 小节的学习，我们掌握了如何安装 Xcode 开发工具，为了使大家对 OC 语言及该语言的开发工具有进一步了解，本节将带领大家开发第一个 OC 程序，具体步骤如下。

1. 创建项目

要使用 Xcode 编写程序代码，首先需要创建一个项目，项目可以帮助大家更好地管理代码文件和资源文件，创建项目的步骤如下。

（1）打开 Xcode 工具，弹出欢迎使用 Xcode 的窗口，具体如图 1-8 所示。

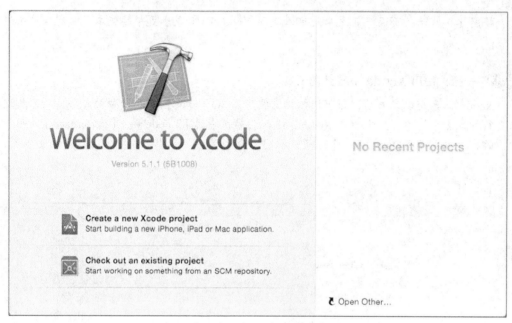

图1-8　Xcode 的欢迎页面

（2）选择图1-8所示的"Create a new Xcode project"选项，弹出选择文件类型对话框，选择【OS X】→【Application】→【Command Line Tool】，如图1-9所示。

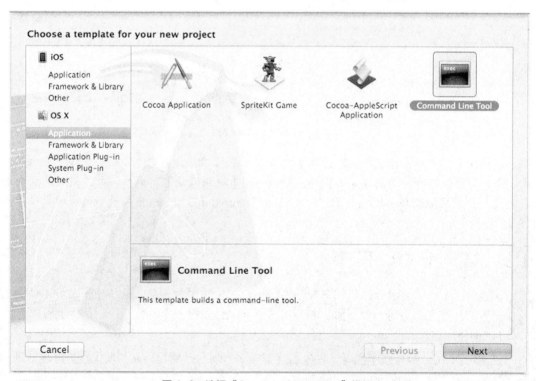

图1-9　选择"Command Line Tool"模板

（3）单击图1-9所示的【Next】按钮，进入填写项目信息的对话框，填写项目名称、组织名称和标识符，并选择类型，结果如图1-10所示。

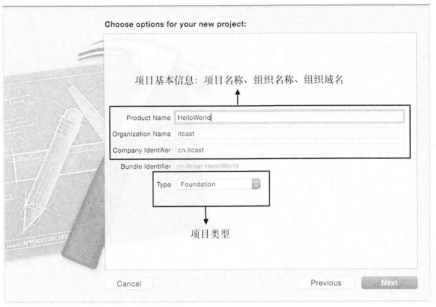

图 1-10　需要填写项目名称的界面

在图 1-10 中，输入项目名为 HelloWorld，组织名称为 itcast，域名为 cn.itcast，并选择 Foundation 类型。需要注意的是，项目名称、组织名称和域名是可以自定义的，但选择的类型必须为 Foundation 类型。

（4）点击图 1-10 所示的【Next】按钮，弹出项目保存位置的对话框，如图 1-11 所示。

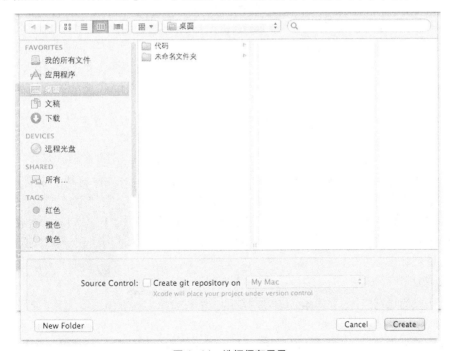

图 1-11　选择保存目录

（5）点击【Create】按钮，一个名为 HelloWorld 的项目就创建好了，项目创建好的界面如图 1-12 所示。

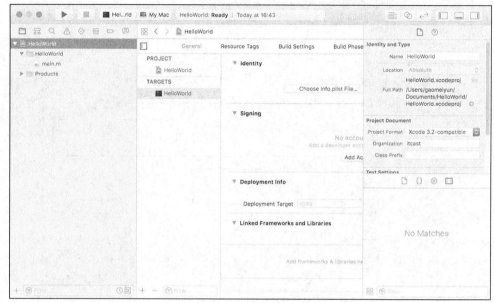

图 1-12　Xcode 开发主界面

2．编写 HelloWorld 程序

项目创建好之后，就可以编写 HelloWorld 的程序代码了，单击 main.m 文件，编写一段输出"Hello，Objective-C!"的代码，具体代码如例 1-1 所示。

例1-1　　main.m

```
1 #import <Foundation/Foundation.h>
2 int main(int argc,const char * argv[])
3 {
4    @autoreleasepool{
5        NSLog(@"Hello, Objective-C!");// 输出"Hello, Objective-C!"
6    }
7 }
```

在上述代码中，第 5 行代码是编写的代码，其余代码都是 Xcode 自动生成的。其中，第 1 行代码用于导入 Foundation 框架，Foundation 框架是 OC 的一个基础类库，所有的 OC 程序都需要导入；第 2 行~第 7 行是程序的主函数，用来作为程序的入口，该函数内部的 @autoreleasepool{}是一个自动释放池，是用来管理内存的；NSLog 是 OC 中的输出函数，用于输出信息。

3．运行程序

完成代码的编写后，选择 Xcode 左上部的 ▶ 按钮对编写的程序进行编译运行，如果代码没有出现错误，编译后会出现一个"Build Succeeded"字样的提示框，如图 1-13 所示。

当程序编译成功后，会在图 1-13 所示界面的下方输出程序的运行结果，具体如图 1-14 所示。

需要注意的是，如果程序代码出错，程序编译后会出现一个"Build Faild"的字样，并且提示错误信息。例如，把 main.m 文件中第 5 行代码的分号去掉，程序会报错，结果如图 1-15 所示。

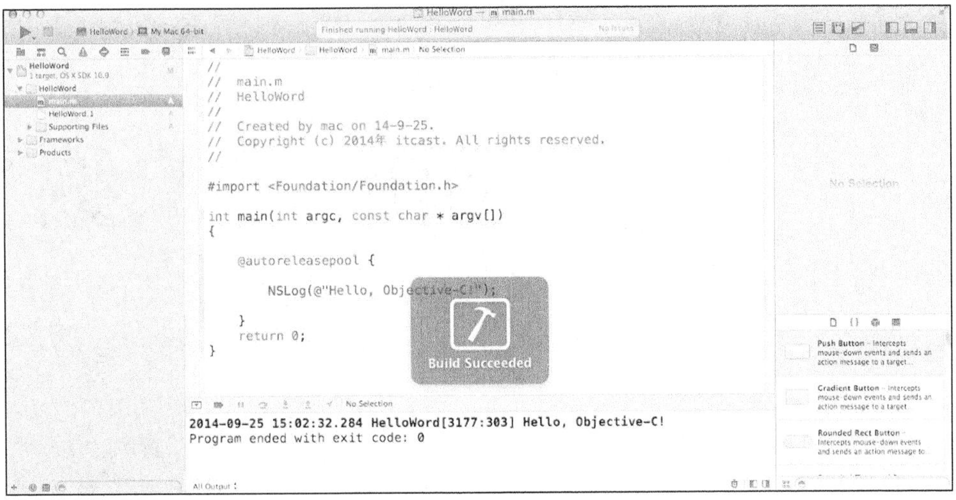
// main.m
// HelloWord
// Created by mac on 14-9-25.
// Copyright (c) 2014年 itcast. All rights reserved.
#import <Foundation/Foundation.h>
int main(int argc, const char * argv[])
@autoreleasepool {
NSLog(@"Hello, Objective-C!");
return 0;
Build Succeeded
2014-09-25 15:02:32.284 HelloWord[3177:303] Hello, Objective-C!
Program ended with exit code: 0

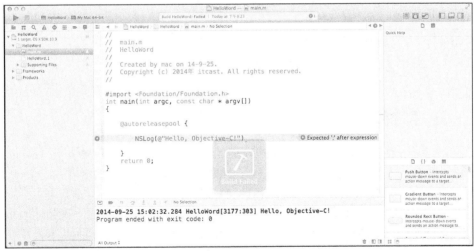

图 1-13　编译成功的界面

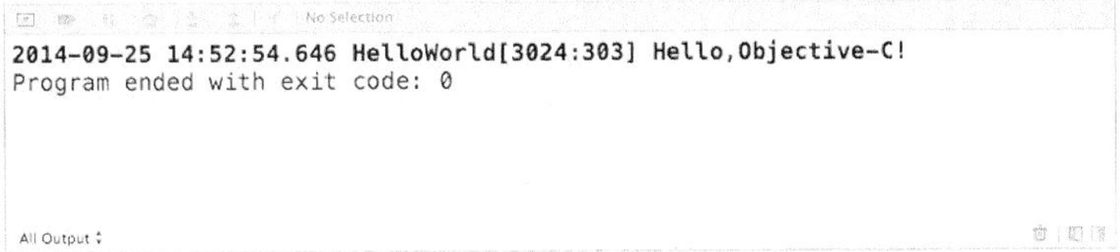
2014-09-25 14:52:54.646 HelloWorld[3024:303] Hello,Objective-C!
Program ended with exit code: 0
All Output

图 1-14　运行结果

// main.m
// HelloWord
// Created by mac on 14-9-25.
// Copyright (c) 2014年 itcast. All rights reserved.
#import <Foundation/Foundation.h>
int main(int argc, const char * argv[])
@autoreleasepool {
NSLog(@"Hello, Objective-C!")
Expected ';' after expression
return 0;
2014-09-25 15:02:32.284 HelloWord[3177:303] Hello, Objective-C!
Program ended with exit code: 0

图 1-15　编译错误的界面

1.4　本章小结

本章首先讲解了 OC 语言的发展历史、语言特点以及开发框架，然后讲解了 Xcode 工具的安装，最后带领大家编写了一个 OC 程序。通过本章的学习，初学者应该对 OC 有一个大致认识，并熟练掌握 Xcode 工具的使用，学会使用 Xcode 编写 OC 程序。

PART 2

第 2 章
面向对象编程

📖 **学习目标**

- 理解面向对象思想，能简述什么是面向对象
- 掌握创建类和对象的方式，学会使用 Xcode 创建类
- 掌握成员变量的引用，学会定义并调用成员变量
- 掌握面向对象三大特性，包括封装、继承和多态

Objective-C 是一种面向对象的程序设计语言，了解面向对象的编程思想对于学习 iOS 开发非常重要，在接下来的章节中，将为大家详细讲解如何使用面向对象的编程思想开发 OC 程序。

2.1 面向对象概述

面向对象是一种符合人类思维习惯的编程思想。现实生活中存在各种形态不同的事物，这些事物之间存在着各种各样的联系。在程序中使用对象来映射现实中的事物，使用对象的关系来描述事物之间的联系，这种思想就是面向对象。

提到面向对象，自然会想到面向过程。面向过程就是分析解决问题所需要的步骤，然后用函数把这些步骤一一实现，使用的时候一个一个依次调用就可以了。面向对象则是把解决的问题按照一定规则划分为多个独立的对象，然后通过调用对象的方法来解决问题。当然，一个应用程序会包含多个对象，通过多个对象的相互配合来实现应用程序的功能，这样当应用程序功能发生变动时，只需要修改个别的对象就可以了，从而使代码更容易得到维护。

面向对象的特点主要可以概括为封装性、继承性和多态性，接下来针对这三种特性进行简单介绍。

1．封装性

封装是面向对象的核心思想，将对象的属性和行为封装起来，不需要让外界知道具体的实现细节，这就是封装思想。譬如，用户使用手机时，只需要会操作手机，而不需要知道手机的内部实现，就可以使用手机的功能了。

2．继承性

继承性主要描述的是类与类的关系，通过继承，可以在不必重写类的情况下，对类的功能进行扩展。例如，有一个电脑类，该类描述了电脑的普通特点和功能，而笔记本电脑类中，不仅要包含电脑的特性和功能，还应该增加笔记本电脑特有的功能，此时笔记本电脑类继承于电脑类，在笔记本电脑类中添加笔记本电脑特有的功能即可。继承不仅增强了代码的复用性，还提高了开发效率，为程序后期的修改补充提供了便利。

3．多态性

多态指一个实体具有多种形态，指的是在一个类中定义的属性和方法被其他类继承之后，它们可以具有不同类型或者表现出不同的行为。

面向对象的思想光靠上面的介绍是无法真正理解的，只有通过大量的实践去学习和理解，才能将面向对象真正领悟，接下来通过具体的讲解来详细介绍 OC 这门编程语言。

2.2 类和对象

面向对象中有两个非常重要的概念：类和对象。对象是面向对象的核心，在使用对象的过程中，为了将具有共同特征和行为的一组对象抽象定义，提出了另外一个新的概念——类。类就相当于制造汽车时的图纸，它是用来创建对象的。接下来通过一个图例来抽象描述类与对象的关系，如图 2-1 所示。

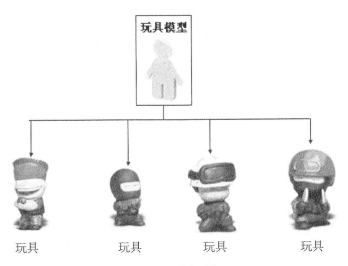

图 2-1 类与对象

在图 2-1 中，可以将玩具模型看作是一个类，将一个个玩具看作对象，从玩具模型和玩具之间的关系便可以看出类与对象之间的关系。类用于描述多个对象的共同特征，它是对象的模板。对象用于描述现实中的个体，它是类的实例。从图 2-1 所示的模型与玩具的关系中，可以看出对象是根据类创建的，并且一个类可以对应多个对象，接下来分别讲解类和对象。

2.2.1 类的声明和实现

在面向对象的思想中，最核心的就是对象，从图 2-1 描述的玩具模型与玩具的关系可以看出，类就是创建对象的模板。所以在创建对象之前，首先要先定义一个描述此对象的类。完整地定义一个类包括类的声明和类的实现两部分，关于这两部分的相关讲解具体如下。

1. 类的声明

类的声明用于描述对象的特征和行为，其语法格式如下所示。

```
@interface 类名 : 父类名
{
  变量声明;
}
方法声明;
@end
```

从上述语法格式可以看出，类的声明是以@interface 开头，以@end 结尾，其中，@interface 后面需要跟上"类名：父类名"，用于表示创建某个类。在类的声明格式中，变量用于描述对象的特征，它需要用一对大括号包围，而方法用于描述对象的行为。需要注意的是，在变量和方法的声明后，都需要跟一个分号，用于表示结束。

为了帮助大家更好地理解如何声明一个类，接下来，创建一个学生类 Student，Student 类的声明如例 2-1 所示。

例 2-1 类的声明

```
1 @interface Student : NSObject //类的声明
2 {
3 @public  // 添加 public 关键字让 Student 对象的 weight 和 age 变量被外界访问
4   float weight;  // 声明体重
5   int age;        // 声明年龄
6 }
7 - (void)eat;       // 吃饭的行为
8 @end
```

例 2-1 声明了一个类，其中，Student 是类名，weight、age 是变量，其作用域是整个类的范围内，又称之为成员变量；eat 是方法，它可以直接访问成员变量 weight、age。

2. 类的实现

在声明了类的变量和方法后，还需要对类进行实现，其语法格式如下所示。

```
@implementation 类名
方法的具体实现
@end
```

从上述语法格式可以看出，类的实现是以@implementation 开始，以@end 结束，它们中间是方法的具体实现。接下来，对例 2-1 所示的 Student 类进行实现，如例 2-2 所示。

例 2-2 类的实现

```
1 #import "student.h"
2 @implementation Student
3 - (void)eat                // 吃饭的行为
4 {
5     NSLog(@"年龄为%d 岁的人体重%f 公斤",age,weight); // 方法的具体实现
```

```
6 }
7 @end
```

在例 2-2 中，第 3~6 行代码是 Student 类中 eat 方法的具体实现，该方法调用了变量 weight、age。关于方法的相关知识将在后面的小节进行详细讲解，这里只需对类的实现有所了解即可。

2.2.2　使用 Xcode 创建一个类

在实际开发中，通常都会使用 Xcode 工具创建工程，Xcode 作为开发 OC 程序的一款强大工具，对类的创建更加规范化。为了便于大家更好地学习如何使用 Xcode 创建新的类，接下来，分步骤演示如何使用 Xcode 创建一个类，具体步骤如下。

1．创建工程

打开 Xcode 工具，创建一个名为 createClass 的工程，创建后的工程如图 2-2 所示。

图 2-2　创建好的项目文件

2．创建类文件

选中图 2-2 所示的工程 createClass，右击选择【New File】选项，在弹出的新文件窗口左侧选择 Cocoa，并在右侧选择 Objective-C class，具体如图 2-3 所示。

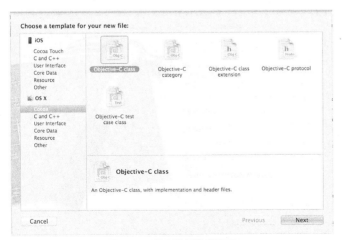

图 2-3　程序模板选择窗口

3．输入类名和父类名

点击图 2-3 所示的【Next】按钮，进入输入类名和父类名的界面，在此，将类的名称命名为 Student，将父类指定为 NSObject，结果如图 2-4 所示。

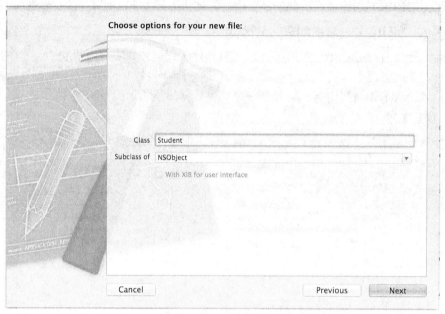

图 2-4　填写类名

4．指定文件存储位置

点击图 2-4 所示的【Next】按钮，进入选择文件存储位置的界面，选择所要存储的位置，结果如图 2-5 所示。

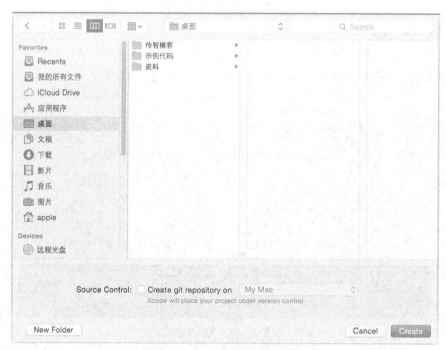

图 2-5　Xcode 为新类创建了文件

5．完成类的创建

点击图 2-5 所示的【Create】按钮，就完成了类的创建。这时，发现在 Xcode 的左侧新建了两个文件，分别是 Student.h 和 Student.m，具体如图 2-6 所示。

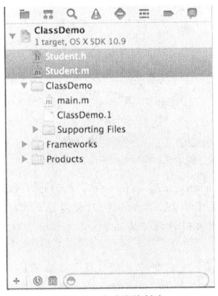

图 2-6　完成类的创建

在图 2-6 中，Student.h 文件是 Student 类的声明文件，Student.m 是 Student 类的实现文件，双击打开这两个文件，发现里面自动生成了一些代码，具体如下。

Student.h

```
1 #import<Foundation/Foundation.h>
2 @interface Student : NSObject
3
4 @end
```

Student.m

```
1 #import "Student.h"
2 @implementation Student
3
4 @end
```

由此可见，使用 Xcode 工具创建类时，类的声明和实现是分离开的，它们分别放在不同的文件中。

☞ 多学一招：类的声明和实现为何放在两个文件中

有的人会很疑惑：为什么要将类的定义和类的实现放在两个不同的文件中？为了使大家更好地理解这个概念，我们借助苹果官方文档提供的一张图片来进行解释，如图 2-7 所示。

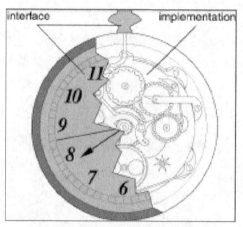

图 2-7 interface 与 implementation

在图 2-7 中，类的声明（interface）类似于钟表表面的时间显示，它不需要知道钟表的内部构造，只需要显示时间就可以了，类的声明只需显示类所具有的变量和方法；类的实现（implementation）类似于隐藏在时钟内部的构造，负责类的钟表的指针如何运行，类的实现是对类声明的方法的具体实现。

将类的声明和实现写在不同的文件中的好处就是：在 iOS 开发中，技术比较好的程序员经常会将一些有规律的代码抽取出来，做成静态库，提供第三方使用。第三方通过导入库包，只能查阅其中的.h 文件，来了解其中的属性和方法，而不知道这些方法具体实现的过程。这样保留了源代码的独立性，提高了安全性。

2.2.3　对象的创建

应用程序要想完成具体的功能，仅有类是远远不够的，还需要根据类创建实例对象。在 OC 程序中，根据类创建对象的方式有两种，其语法格式如下所示。

● 第一种方式

```
类名 *实例对象 = [类名 new];
```

在上述语法格式中，等号左边的"类名 *实例对象"用于定义一个指针变量，指向类所创建出来的新对象的内存地址，等号右边的"[类名 new]"用于使用 new 关键字创建对象。等号的作用是将右边创建对象的内存地址赋给左边的指针变量。

例如，要创建一个 Student 类的实例对象，具体代码如下所示。

```
Student *stu = [Student new];
```

上述代码创建了一个 Student 对象，其中，stu 是指针变量，用于指向创建的 Student 对象的内存地址，[Student new]用于创建一个新的 Student 对象。

● 第二种方式

```
类名 *实例对象 = [[类名 alloc]init];
```

在上述语法格式中，等号左边的"类名 *实例对象"同样用于定义一个指针变量，指向类所创建出来的新对象的内存地址。等号右边的"[[类名 alloc] init]"则是通知类使用 alloc 方法为对象分配一块内存，并调用 init 方法为对象进行初始化。

例如，使用第二种方式创建 Student 类的实例对象，具体代码如下。

```
Student *stu = [[Student alloc] init];
```

在上述代码中，首先会执行"[Student alloc]"用于通知 Student 类执行 alloc 方法分配内存，然后调用 init 方法为对象进行初始化，最后使用 Student 类的指针变量*stu 指向新创建的对象的内存地址，至此便创建了一个 Student 对象。

　　⊃ 注意：

　　1. 在操作对象时，一般都是通过对象指针来实现的，因此，创建对象时，对象的前面一定要加一个"*"号。

　　2. 虽然创建对象的方式有两种，并且 new 方法内部也调用了 alloc 和 init 方法，但推荐使用第二种方式创建对象。

👆多学一招：消息机制

　　在 Objective-C 中，为了使用一个类生成实例对象，我们需要向该类发送消息。消息 (Message)是 Objective-C 语言中一个非常重要的机制，也是 Objective-C 区别于其他面向对象编程语言（如 C++、Java 等）的重要特性。Objective-C 中发送消息的基本格式为：

```
[消息接收者名称 消息名称：消息参数];
```

　　在上述语法格式中，"消息接收者名称"可以为对象名，也可以为类名，"消息名称"指的是类或对象调用的方法，"消息参数"指的是类或对象调用方法的参数。一般来说，给实例对象发送消息，对应的是调用对象方法；给类发送消息，对应的就是调用类方法。

　　例如，发送消息告诉 myRectangle 对象设置宽度值为 20.0 的代码如下所示：

```
[myRectangle setWidth: 20.0];
```

　　需要注意的是，如果消息没有参数，则消息名称后没有冒号。如果消息参数有多个，则消息名称和消息参数要交替出现来表达所需的参数。

　　例如，发送消息告诉 myRectangle 对象设置起始坐标为（30.0,50.0）的代码如下所示：

```
[myRectangle setOriginx:30.0 y:50];
```

2.3　方法

2.3.1　方法的定义

　　通过类和对象的学习，我们了解到对象的行为是用方法来描述的。在 OC 中，方法是某个类功能的具体实现，它的定义方式与类的定义相似，都需要进行声明和实现，其基本的语法格式如下。

　　1．方法声明的语法格式

```
方法类型 (返回值类型)方法名：（参数类型 1）参数 1：（参数类型 2）参数 2…；
```

　　2．方法实现的语法格式

```
方法类型 (返回值类型)方法名：（参数类型 1）参数 1：（参数类型 2）参数 2…
{
执行语句
:
:
return 返回值;
}
```

　　对于上面语法格式的具体说明如下。

- 方法类型：在 OC 中，一个类中的方法有两种类型，分别是类方法和对象方法。其中，类方法的方法类型用 "+" 表示，对象方法的方法类型用 "–" 表示。
- 返回值类型：用于描述方法返回值的数据类型。
- 参数类型：用于限定调用方法时传入参数的数据类型。
- 参数：是一个变量，用于接收方法传入时的数据。
- return 关键字：用于返回方法指定类型的值，然后结束方法。
- 返回值：被 return 语句返回的值，该值会返回给方法调用者。

需要注意的是，方法中的 "（参数类型 1）参数 1:（参数类型 2）参数 2…" 被称作参数列表，它用于描述方法在被调用时需要接收的参数，如果方法不需要接收任何参数，则参数列表为空。为了帮助大家更好地学习如何定义方法，接下来，创建一个 Calculator 类，Calculator 类的声明和实现如例 2-3 和例 2-4 所示。

例 2-3　Calculator.h

```
1 #import <Foundation/Foundation.h>
2 @interface Calculator : NSObject
3 - (double)pi;
4 - (double)square:(double)number;
5 - (double)sumOfNum1:(double)num1 :(double)num2;
6 @end
```

例 2-4　Calculator.m

```
1 #import "Calculator.h"
2 @implementation Calculator
3 - (double)pi                                          //返回 pi 值
4 {
5     return 3.14;
6 }
7 - (double)square:(double)number                       //求一个数的平方
8 {
9     return number * number;
10}
11- (double)sumOfNum1:(double)num1 :(double)num2        //求两个数之和
12{
13    return num1 + num2;
14}
15@end
```

从例 2-3 和例 2-4 可以看出，在 Calculator 类中定义了 3 种方法，分别是 pi、square 和 sumOfNum1，其中，pi 方法不带参数，square 方法有一个参数，sumOfNum1 方法有两个参数。由于这些方法参数的个数不同，方法声明和实现的格式也是不同的，尤其在定义多个参数的方法时，参数之间需要用冒号隔开。

2.3.2 方法的使用

在 OC 程序中，要想实现具体的功能，光靠定义方法是远远不够的，还需要对方法进行调用。OC 中的方法调用是通过给对象发送消息来启动的，每调用一个方法前要向对象传递一个对应的消息，这里的消息指的是方法名和参数。根据传递参数的不同，方法调用的方式也是不一样的。下面针对不同参数的方法调用进行详细讲解。

1．调用无参数的方法

调用无参数的方法比较简单，只需将调用者和方法名写在一对方括号中即可，其基本的语法格式如下所示：

```
[实例对象 方法名];
```

例如，调用 c 对象 pi 方法的代码如下所示：

```
[c pi];
```

2．调用有参数的方法

如果要调用带参数的方法，则需要在方法名后添加参数，并且参数之间用冒号隔开，其基本的语法格式如下所示：

```
[实例对象 方法名:参数1:参数2…];
```

例如，调用 c 对象的 square 方法，该方法需要传入参数 10，代码如下所示：

```
[c square:10];
```

对调用不同参数的方法有所了解后，接下来，以 Calculator 类为例，在 main 文件中分别调用 pi、square 和 sumOfNum1 方法，具体如例 2-5 所示。

例 2-5　main.m

```
1  #import <Foundation/Foundation.h>
2  #import "Calculator.h"
3  int main(int argc, const char * argv[])
4  {
5      @autoreleasepool {
6          Calculator *c = [[Calculator alloc]init];
7          double a1 = [c pi];
8          NSLog(@"pi 的值为%f",a1);
9          double a2 = [c square:2.5];
10         NSLog(@"2.5 的平方和为%f",a2);
11         double a3 = [c sumOfNum1:2.5:3.6];
12         NSLog(@"2.5 与 3.6 两个数之和为%f",a3);
13     }
14     return 0;
15 }
```

程序的运行结果如图 2-8 所示。

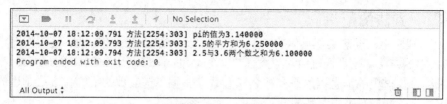

图2-8　例2-5运行结果

在例2-5中，第6行代码创建了一个Calculator类的对象，第7~12行代码使用该对象分别调用pi、square和sumOfNum1方法，并将这些方法计算的结果输出。

2.4　成员变量

2.4.1　成员变量的定义

在创建一个类时，需要根据对象的属性定义一些成员变量，即定义在整个类中，可以被本类方法所调用的变量。成员变量又称为实例变量，它只有对象存在的时候才存在，并且默认的初始值为0或nil。成员变量定义的基本语法格式如下所示：

限制符 变量类型 变量名；

在上述语法格式中，"限制符"用于指定成员变量的访问权限，"变量类型"用于指定变量的数据类型。为了帮助大家更好地学习如何定义成员变量，接下来，创建一个Car类，Car类的声明如例2-6所示。

例2-6　Car.h

```
1 #import <Foundation/Foundation.h>
2 @interface Car : NSObject // 类的声明
3 {
4 @public      // 添加@public关键字可以让Car对象的price和wheel属性被外界访问
5     float  price;  // 声明价格变量
6     int wheel;        // 声明轮子数目变量
7 }
8 - (void)run;      // 行驶的行为
9 @end
```

在例2-6中，第3~7行代码声明了两个成员变量，其中@public是限制符，float、int是变量类型，price、wheel是变量名，在这两个变量声明之前加了一个@public限制符，相当于每个成员变量类型之前都加@public，外界可以访问Car类实例对象的price和wheel属性。

2.4.2　成员变量的引用

默认情况下，定义的对象方法可以引用对象中所有的成员变量，它可以通过变量名来引用变量。引用对象成员变量是通过指针操作符"->"实现的，其基本的语法格式如下所示：

指针变量->成员变量

为了帮助大家更好地掌握成员变量的使用，接下来，对例2-6所示的Car类进行实现，具体代码如例2-7所示。

例2-7　Car.m

```
1 #import"Car.h"
2 @implementation Car
3 -(void)run
4 {
5     NSLog(@"%f 元、%d 个轮子的小汽车",price,wheel);
6 }
7 @end
```

为了演示成员变量的引用，接下来，在 main 文件中引用 Car 类定义的成员变量，其代码如例 2-8 所示。

例2-8　main.m

```
1 int main ()
2 {
3     Car *c =[[Car alloc]init];      //创建 Car 对象
4     c->price = 8000.0;              // 为对象 price 变量赋值
5     c->wheel = 4;                   // 为对象 wheel 变量赋值
6     [c run];                        // 调用 Car 对象的 run 方法
7     return 0;                       // 返回空值
8 }
9 @end
```

程序运行结果如图 2-9 所示。

图 2-9　例 2-8 运行结果

在例 2-8 中，第 3 行代码创建了一个 Car 对象，第 4~5 行代码用于给成员变量赋值，第 6 行代码通过调用 run 方法，访问成员变量 price 和 wheel。从图 2-9 中可以看出，程序成功访问到了成员变量 price 和 wheel 的值。

2.4.3　成员变量的调用范围

为了使对象有能力设置其数据的可见性，编译器限制了成员变量的访问范围。OC 中提供了四个等级的访问范围，每个等级都有一个编译指令，如表 2-1 所示。

表 2-1　访问编译指令

指令	含义
@protected	变量可以被声明它的类及子类使用，没有明确限定范围的默认为@ protected
@private	变量仅限于声明它的类访问，不能被子类中的方法直接访问

指令	含义
@public	变量可被该类中定义的方法直接访问，也可被其他类中定义的方法直接访问
@package	变量的访问范围控制在一个范围内，在此范围内任何位置都可以访问

表 2-1 列举了四个指令，这四个指令所修饰变量的访问范围是不同的，接下来，针对这四个指令进行详细讲解。

- @protected 为保护修饰符，@protected 修饰的成员变量只能被该类本身的方法或其子类的方法使用，相当于在默认情况下什么访问限制符都不加，即没有明确限定范围的默认就是@protected 的情况。
- @public 为公共修饰符，它修饰的实例变量不仅能够被所在类以及其子类的方法使用，还可以被所在类以外的对象所使用。@public 修饰的成员变量虽然用起来很方便，但它在一定程度上破坏了面向对象编程对数据封装性的要求，因此在程序中不建议大量使用。
- @private 为私有限制符，被它修饰的实例变量，只能被本类的方法访问，该类的子类都不能访问。
- @package 这个类型修饰符最常用于框架类的实例变量。当使用@private 太限制，使用@protected 或者@public 又太开放时候，可以考虑使用此修饰符。

2.5 封装

2.5.1 为什么要进行封装

在讲解封装之前，首先使用 2.2.1 小节的 Student 类创建对象，并访问该对象的成员变量，如例 2-9 所示。

例 2-9 main.m

```
1  #import<Foundation/Foundation.h>
2  #import "Student.h"
3  int main()
4  {
5      student *stu = [[Student alloc]init];    //创建一个 Student 类的对象
6      stu->age = -10;                          //为 stu 对象的 age 属性赋值
7      stu->weight=1000;                        //为 stu 对象的 weight 属性赋值
8      [stu eat];
9      return 0;
10 }
```

程序运行结果如图 2-10 所示。

在例 2-9 中，第 6 行代码将年龄赋值为一个负数-10，第 7 行代码将体重赋值为 1000 公斤，这在程序中不会出现任何问题，但是在现实生活中是明显不合理的。为了解决这样的问题，在设计类时，应该对成员变量的访问和修改设置一定的规则，不允许外界随便修改和访问，这就需要实现封装。

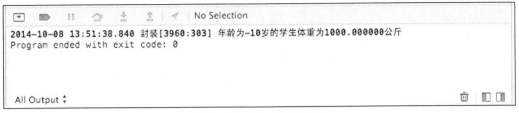

图 2-10　例 2-9 运行结果

所谓类的封装，就是在定义一个类时，为类中的成员变量设置调用范围，使其不能被其他类直接访问，同时，又提供了 get 和 set 方法，分别用于获取和设置成员变量的值。set 和 get 方法是封装的重要体现，在接下来的小节中，将针对 set 和 get 方法进行详细讲解。

2.5.2　set 与 get 方法

在例 2-9 中，如果不希望成员变量 age 和 weight 被外界随意修改，则可以将 Student 类中的 @public 修改为 @private 或者 @protected。这时，为了方便外界访问这些成员变量，可以使用 set 方法设置成员变量的值，使用 get 方法获取成员变量的值，set 方法和 get 方法的语法格式如下所示。

● set 方法的语法格式

```
-(void) set 变量名:(变量类型)变量名;
```

在上述语法格式中，set 方法以 "-" 开头，并且其返回值类型为 void。需要注意的是，变量名必须以 "set" 开头，后面跟上成员变量的名称，成员变量名称的首字母必须大写，例如，setAge。

● get 方法的语法格式

```
-(变量类型) 变量名;
```

在上述语法格式中，get 方法以 "-" 开头，返回值类型为成员变量的类型。一般情况下，get 方法中的变量名与成员变量同名，如 age。

为了帮助大家快速掌握 set 和 get 方法，接下来，对 2.2.1 小节创建的 Student 类进行封装，封装后的代码如例 2-10 和例 2-11 所示。

例 2-10　Student.h

```
1 #import <Foundation/Foundation.h>
2 @interface Student : NSObject
3 {
4    float _weight;        //声明体重属性
5    int _age;             //声明年龄属性
6 }
7 - (void)eat;            //吃饭的方法
8 - (void)setWeight:(float)weight;
9 - (float)weight;
10- (void)setAge:(int)age;
11- (int)age;
12@end
```

```
1  #import "Student.h"
2  @implementation Student
3  -(void)eat
4  {
5      NSLog(@"年龄为%d 岁的学生体重为%f 公斤",_age,_weight);
6  }
7  - (void)setWeight:(float)weight
8  {
9      if (weight >= 200 || weight <= 0) {
10          NSLog(@"体重不合法");
11          return;
12       }
13       _weight = weight;
14    }
15    - (float)weight
16    {
17       return _weight;
18    }
19    - (void)setAge:(int)age
20    {
21      if (age <= 0) {
22          NSLog(@"年龄不合法");
23          return;
24      }
25      _age = age;
26    }
27    - (int)age
28    {
29       return _age;
30    }
31    @end
```

在例 2-10 中，第 3~6 行代码声明了两个成员变量_age 和_weight，第 8~11 行代码声明了这两个变量对应的 set 和 get 方法。在例 2-11 中，第 7~30 行代码分别实现了成员变量_age 和_weight 的 set 和 get 方法。其中，在 setAge 和 setWeight 方法中分别对传入的参数进行了检查过滤。需要注意的是，为了区分参数名和成员变量，官方推荐成员变量前加 "_" 以示区分。

为了验证 set 和 get 方法的作用，接下来，在 main 文件中调用 Student 类中的 set 和 get 方法，具体代码如例 2-12 所示。

例 2-12　main.m

```
1 #import <Foundation/Foundation.h>
2 #import "Student.h"
3 int main(int argc, const char * argv[])
4 {
5     Student *stu = [[Student alloc]init];
6     [stu setAge:-10];
7     [stu setWeight:1000];
8     [stu eat];
9     return 0;
10 }
```

运行结果如图 2-11 所示。

```
⊤  ▦▶  II  ⊡  ⊹  ⊹  | ✐ | No Selection

2014-10-08 15:43:08.315 封装[4489:303] 年龄不合法
2014-10-08 15:43:08.317 封装[4489:303] 体重不合法
2014-10-08 15:43:08.318 封装[4489:303] 年龄为0岁的学生体重为0.000000公斤
Program ended with exit code: 0


All Output ⌄                                         🗑 | ▢ ▢
```

图 2-11　例 2-12 运行结果

在例 2-12 中，当调用 setAge 和 setWeight 方法时，由于传入的值分别为-10 和 1000，因此，程序打印出"年龄不合法"和"体重不合法"的信息，同时，_age 和_weight 没有被赋值，仍为初始默认值 0。由此可见，封装可以实现对不合理值的过滤，防止外界随便修改和访问类中的成员变量。

2.6　继承

2.6.1　继承的概念

在现实生活中，继承一般指的是子女继承父辈的财产。在程序中，继承描述的是事物之间的所属关系，通过继承可以使多种事物之间形成一种关系体系。例如猫和狗都属于动物，程序中便可以描述为猫和狗继承自动物；同理，波斯猫和巴厘猫继承自猫，而沙皮狗和斑点狗继承自狗，这些动物之间会形成一个继承体系，如图 2-12 所示。

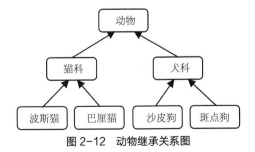

图 2-12　动物继承关系图

在 OC 中，类的继承是指在一个现有类的基础上去构建一个新的类，构建出来的新类被称作子类，现有类被称作父类，子类会自动拥有父类所有可继承的属性和方法。在程序中，如果想声明一个类继承另一个类，具体的语法格式如下：

```
@interface 子类名：父类名
```

从上述语法格式可以看出，继承非常简单，只需要在声明一个类时，后面加上"：父类名"即可。接下来，通过案例来学习继承的特点，具体步骤如下。

（1）创建一个 Animal 类，Animal 类的声明和实现如例 2-13 和例 2-14 所示。

例 2-13　Animal.h

```
1 #import <Foundation/Foundation.h>
2 @int   retu    retu    retu erface Animal : NSObject
3 {
4 @public
5     int age;
6 }
7 - (void)shout;
8 @end
```

例 2-14　Animal.m

```
1 #import "Animal.h"
2 @implementation Animal
3 - (void)shout
4 {
5     NSLog(@"动物发出叫声");
6 }
7 @end
```

在例 2-13 和例 2-14 中，由于 NSObject 类是所有类的父类，因此，创建的 Animal 类必须继承 NSObject 类。

（2）将 Animal 类作为父类，定义一个 Dog 类，Dog 类的声明和实现如例 2-15 和例 2-16 所示。

例 2-15　Dog.h

```
1 #import "Animal.h"
2 @interface Dog : Animal
3 - (void)print;
4 @end
```

例 2-16　Dog.m

```
1 #import "Dog.h"
2 @implementation Dog
3 - (void)print
4 {
5     NSLog(@"我%d岁了",age);
6 }
7 @end
```

（3）在 main.m 文件中，创建 Dog 类对象，通过引用成员变量 age 进行赋值，并通过调用 shout 方法输出成员变量的值，具体代码如例 2-17 所示。

例 2-17　main.m

```
1  #import<Foundation/Foundation.h>
2  #import "Dog.h"
3  int main(int argc, const char * argv[])
4  {
5      @autoreleasepool {
6          Dog *d = [[Dog alloc]init];
7          d->age = 2;
8          [d shout];
9          [d print];
10     }
11     return 0;
12 }
```

（4）运行程序，结果如图 2-13 所示。

2014-10-09 10:15:01.608 继承[990:303] 动物发出叫声
2014-10-09 10:15:01.643 继承[990:303] 我2岁了
Program ended with exit code: 0

All Output ⬦

图 2-13　例 2-17 运行结果

从图 2-13 可以看出，Dog 类继承 Animal 类后，会自动拥有 Animal 类的 shout 方法。当 Dog 类的对象调用 shout 方法时，同样可以打印出 shout 方法中的语句。

2.6.2　父类方法的重写

在继承关系中，子类会自动继承父类中定义的方法，但有时在子类中需要对继承的方法进行一些修改，即对父类的方法进行重写。需要注意的是，在子类中重写的方法需要和父类被重写的方法具有相同的方法名、参数列表以及返回值类型。

在例 2-15 和例 2-16 中，Dog 类从 Animal 类继承了 shout 方法，该方法在被调用时会打印"动物发出叫声"，这明显不能描述一种具体动物的叫声。这时，若想让 Dog 类调用 shout 方法时，打印"狗发出叫声"，则需要在 Dog 类中重写父类 Animal 中的 shout 方法。接下来。对 Dog 类进行修改，修改后的 Dog 类的声明和实现如例 2-18 和例 2-19 所示。

例 2-18　Dog.h

```
1  #import "Animal.h"
2  @interface Dog : Animal
3  - (void)print;
4  - (void)shout;
5  @end
```

例 2-19　Dog.m

```
1 #import "Dog.h"
2 @implementation Dog
3 - (void)print
4 {
5     NSLog(@"我%d岁了",age);
6 }
7 - (void)shout
8 {
9     NSLog( @"狗发出叫声");
10}
11@end
```

在例 2-18 和例 2-19 中，Dog 类不仅定义了 print 方法，而且重写了父类中定义的 shout 方法。接下来，在 main 文件中访问成员变量 age，并且调用 shout 和 print 方法，具体代码如例 2-20 所示。

例 2-20　main.m

```
1 #import <Foundation/Foundation.h>
2 #import "Dog.h"
3 int main(int argc, const char * argv[])
4 {
5     @autoreleasepool {
6         Dog *d = [[Dog alloc]init];
7         d->age = 2;
8         [d shout];
9         [d print];
10    }
11    return 0;
12}
```

程序的运行结果如图 2-14 所示。

图 2-14　例 2-20 运行结果

在例 2-20 中，首先创建了一个 Dog 类的对象，然后给成员变量 age 赋值，最后调用 shout 和 print 方法。从图 2-14 可以看出，程序调用的是 Dog 类中的 shout 方法，而不是父类 Animal 类中的 shout 方法，由此可见，子类重写父类方法后，会将父类被重写的方法进行覆盖。

➲ 注意：

子类重写父类方法时，不能使用比父类中被重写的方法更严格的访问权限，如：父类中的方法是 @public 的，子类的方法就不能是 @private 的。

2.6.3　super 关键字

通过 2.6.2 小节的学习，发现子类重写父类的方法后，父类中的方法会被覆盖，子类对象将无法访问父类被重写的方法。为了解决这个问题，在 OC 中提供了一个 super 关键字，专门用于访问父类中的方法，使用 super 关键字调用父类方法的语法格式如下所示：

```
[super 父类方法名：参数列表];
```

再对 2.6.2 小节中的 Dog 类进行修改，在 Dog 类的 shout 方法中使用 super 调用父类 Animal 类的 shout 方法，修改后的代码如例 2-21 所示。

例 2-21　Dog.m

```
1 #import "Dog.h"
2 @implementation Dog
3 - (void)shout
4 {
5     [super shout];
6     NSLog(@"狗狗发出叫声");
7 }
8 @end
```

同样，在 main 文件中创建 Dog 对象，调用 shout 方法，main 文件的代码如例 2-22 所示。

例 2-22　main.m

```
1 #import <Foundation/Foundation.h>
2 #import "Dog.h"
3 int main(int argc, const char * argv[])
4 {
5     @autoreleasepool {
6         Dog *d = [[Dog alloc]init];
7         [d shout];
8     }
9     return 0;
10}
```

运行结果如图 2-15 所示。

2014-10-09 11:17:09.417 继承[1586:303] 动物发出叫声
2014-10-09 11:17:09.419 继承[1586:303] 狗发出叫声
Program ended with exit code: 0

All Output ‡

图 2-15 例 2-22 运行结果

例 2-21 中，Dog 类继承了 Animal 类，并重写了 Animal 类的 shout 方法。在子类 Dog 的 shout 方法中使用"[super shout]"调用了父类没有被重写的 shout 方法。从图 2-15 中可以看出，子类通过 super 关键字可以成功地访问父类的方法。

➲ 注意：

若在对象方法中使用 super 关键字，那么就会调用父类的对象方法，若在类方法中使用 super 关键字，那么会调用父类的方法。

2.7 多态

2.7.1 多态的概述

在设计一个方法时，通常希望该方法具备一定的通用性。例如要实现一个动物叫的方法，由于每种动物的叫声是不同的，因此可以在方法中接收一个动物类型的参数，当传入猫类对象时就发出猫类的叫声，传入犬类对象时就发出犬类的叫声。在同一个方法中，这种由于参数类型不同而导致执行效果各异的现象就是多态。

在 OC 中为了实现多态，允许使用一个父类类型的变量来引用一个子类类型的对象，根据被引用子类对象特征的不同，得到不同的运行结果。接下来，创建一个 Cat 类，该类同样继承自 Animal 类，其声明和实现如例 2-23 和例 2-24 所示。

例 2-23　Cat.h

```
1 #import "Animal.h"
2 @interface Cat : Animal
3 - (void)shout;
4 @end
```

例 2-24　Cat.m

```
1 #import "Cat.h"
2 @implementation Cat
3 - (void)shout
4 {
5     NSLog(@"猫发出叫声");
6 }
7 @end
```

在 main 文件中创建一个动物叫的函数 call，该函数需要传入一个 Animal 类型的参数，分别创建 Dog 和 Cat 类的对象，并调用 call 函数，具体代码如例 2-25 所示。

例 2-25 main.m

```
1  #import<Foundation/Foundation.h>
2  #import "Dog.h"
3  #import "Animal.h"
4  #import "Cat.h"
5  void call(Animal *a)
6  {
7      [a shout];
8  }
9  int main(int argc, const char * argv[])
10 {
11     @autoreleasepool {
12         Animal *a1 = [[Dog alloc]init];
13         Animal *a2 = [[Cat alloc]init];
14         call(a1);
15         call(a2);
16     }
17     return 0;
18 }
```

运行结果如图 2-16 所示。

```
No Selection
2014-10-09 11:54:53.732 多态[1927:303] 狗发出叫声
2014-10-09 11:54:53.761 多态[1927:303] 猫发出叫声
Program ended with exit code: 0

All Output ╪
```

图 2-16 例 2-25 运行结果

在例 2-25 中，第 5~8 行代码定义了一个 call 函数，当在第 14~15 行代码中调用 call 函数时，由于传入的子类对象不同，程序输出了不同的打印结果。由此可见，使用多态不仅能解决方法同名的问题，而且还使程序变得更灵活，有效提高程序的可扩展性和可维护性。

2.7.2 对象的类型转换

在多态的学习中，涉及到将子类对象当做父类类型使用的情况，例如下面两行代码：

```
Animal *a1 = [[Dog alloc]init]; // 将 Dog 对象当做 Animal 类型来使用
Animal *a2 = [[Cat alloc]init]; // 将 Cat 对象当做 Animal 类型来使用
```

将子类对象当做父类使用时不需要任何显式地声明。需要注意的是，此时不能通过父类变量去调用子类中某些方法。接下来，以 2.6.1 小节的 Animal 类和 Dog 类为例，对例 2-25 进行修改，修改后的代码如例 2-26 所示。

例 2-26　main.m

```
1 #import <Foundation/Foundation.h>
2 #import "Dog.h"
3 #import "Animal.h"
4 int main(int argc, const char * argv[])
5 {
6     @autoreleasepool {
7         Animal *a1 = [[Dog alloc]init];
8         [a1 print];
9 }
10    return 0;
11}
```

编译程序，程序会报错，结果如图 2-17 所示。

```
18
19          Animal *a1= [[Dog alloc]init];
20          [a1 print];
21                      No visible @interface for 'Animal' declares the selector 'print'
22
23
```

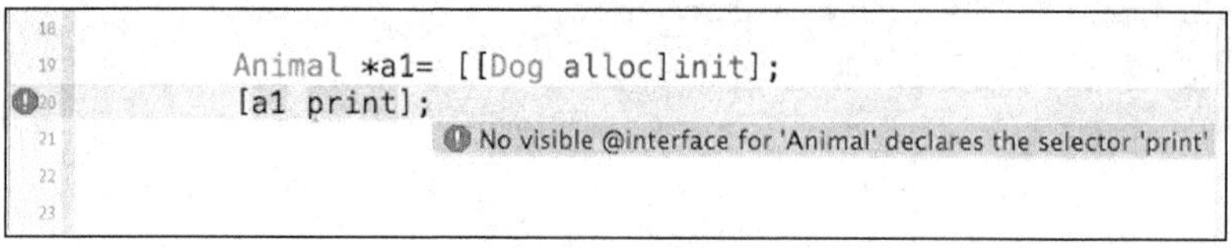

图 2-17　编译报错

从图 2-17 中可以看出，程序在编译时报错，提示 Animal 类中没有声明 print 方法。这是因为当 Animal 类的指针变量指向新创建的 Dog 对象后，Dog 对象会被当成 Animal 对象使用，当编译器检查 Animal 类的时候，发现 Animal 类中没有定义 print 方法，所以出现图 2-17 所示的错误信息。

针对图 2-17 出现的错误，接下来，对 main 文件中的代码进行修改，将 Animal 对象强转为 Dog 对象，修改后的代码如例 2-27 所示。

例 2-27　main.m

```
1 #import <Foundation/Foundation.h>
2 #import "Dog.h"
3 #import "Animal.h"
4 int main(int argc, const char * argv[])
5 {
6     @autoreleasepool {
7         Animal *a1 = [[Dog alloc]init];
8         Dog *d = (Dog *)a1;
9         [d print];
10    }
11    return 0;
12}
```

运行结果如图 2-18 所示。

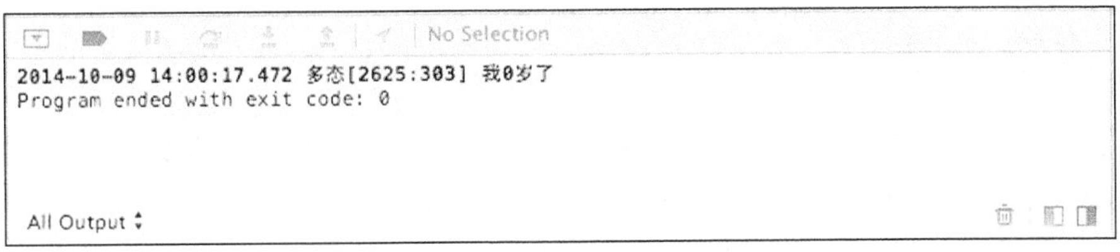

图 2-18 例 2-27 运行结果

从图 2-18 可以看出，程序成功调用 print 方法了。由于 Dog 类中的成员变量 age 没有赋值，程序会输出成员变量 age 的初始默认值 0。

脚下留心：类型转换时的匹配

需要注意的是，在进行类型转换时，可能会出现错误，例如下面的代码，如例 2-28 所示。

例 2-28　main.m

```
1  #import <Foundation/Foundation.h>
2  #import "Dog.h"
3  #import "Animal.h"
4  int main(int argc, const char * argv[])
5  {
6      @autoreleasepool {
7          Dog *d = [[Cat alloc]init];
8          Cat *c = (Cat *)d;
9          [c print];
10     }
11     return 0;
12 }
```

程序编译会报错，结果如图 2-19 所示。

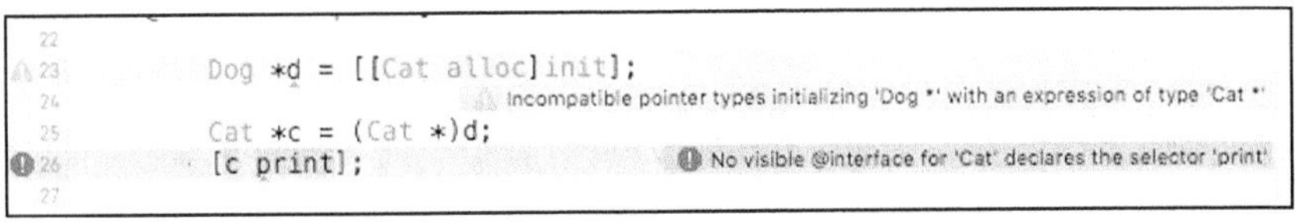

图 2-19 编译报错

从图 2-19 中可以看出，程序编译出错，提示 Dog 类型的指针和 Cat 类型初始化的对象不匹配。这是因为 Cat 类的实例对象无法被 Dog 类型的指针变量引用，所以，多态仅限于父类指针指向子类对象。

◐ 注意：

多态中父类的指针变量指向子类的实例对象运用的原理是：id 类型的动态绑定，就是指直接向 id 类型的对象发送调用方法的消息，让系统自动地根据该 id 对象所指向的实际对象类型做出判断，来执行具体的不同方法行为，调用方法时会监测对象的真实形象，从而返回一个真实的对象类型。id 的变量可以存放任何数据类型的对象，id 类型的指针可以指向任何一个继承 NSObject 类的对象。

2.8   本章小结

本章详细介绍了面向对象的基础知识：首先介绍了面向对象的基本概念，让读者建立面向对象思维的概念，同时讲解了类的声明和实现，带领大家学习如何用 Xcode 创建一个类，以及怎样用类创建对象；然后讲解了方法的定义和使用、成员变量的定义和使用以及范围；最后针对继承和多态特性作了详细的讲解。

通过本章的学习，大家要对面向对象的编程思想有一定的概念，因为面向对象对于 OC 学习至关重要，只有掌握好面向对象的编程思想，才能游刃有余地学习后面章节讲解的内容。

PART 3

第 3 章
深入理解面向对象

📖 学习目标

- ■ 熟练掌握点语法的使用
- ■ 掌握@property 属性的使用
- ■ 深刻理解构造方法
- ■ 掌握 description 方法
- ■ 掌握断点调试

在上一章中，介绍了面向对象的一些基本概念及其使用。本章将继续讲解面向对象的一些更深层次的语法，如点语法，@property 属性等。

3.1　self 关键字

3.1.1　self 访问成员变量

成员变量是定义在类中的变量，它可以被所在类的方法所调用，而局部变量是定义在方法中的变量，当局部变量的名称与成员变量名相同时，局部变量将覆盖成员变量，导致无法访问成员变量。为了解决这个问题，OC 提供了一个 self 关键字，它可以访问成员变量，解决局部变量与成员变量名称冲突的问题。

为了帮助初学者更好地理解 self 关键字的作用，接下来，先创建一个 Person 类，Person 类的声明和实现如例 3-1 和例 3-2 所示。

例 3-1　Person.h

```
1 #import<Foundation/Foundation.h>
2 @interface Person : NSObject
3 {
4     int _age;
5 }
6 - (void)setAge:(int)age;
```

```
7 - (int)age;
8 - (void)test;
9 @end
```

例 3-2　Person.m

```
1 #import "Person.h"
2 @implementation Person
3 - (void)setAge:(int)age
4 {
5     _age = age;
6 }
7 - (int)age
8 {
9     return _age;
10}
11- (void)test
12{
13    int _age = 20;
14    NSLog(@"Person 的年龄是%d",_age);
15}
16@end
```

例 3-1 和例 3-2 创建了一个 Person 类，该类对成员变量_age 进行了封装，同时定义了一个 test 方法，该方法中定义了一个与成员变量同名的局部变量_age，并且其值为 20。

在 main 文件中创建 Person 对象，调用 setAge 方法设置成员变量_age 的值为 10，并通过 test 方法访问_age，具体代码如例 3-3 所示。

例 3-3　main.m

```
1 #import <Foundation/Foundation.h>
2 #import "Person.h"
3 int main(int argc, const char * argv[])
4 {
5     @autoreleasepool {
6         Person *p = [[Person alloc]init];
7         [p setAge:10];
8         [p test];
9     }
10    return 0;
11}
```

运行结果如图 3-1 所示。

図 3-1 例 3-3 运行结果

从图 3-1 中可以看出，程序输出的年龄为 20。这是因为在调用 test 方法时，局部变量_age 的值会把成员变量_age 的值覆盖。为了访问成员变量，对例 3-2 进行修改，使用 self 关键字访问成员变量，修改后的代码如例 3-4 所示。

例 3-4　Person.m

```
1 #import "Person.h"
2 @implementation Person
3 (void)setAge:(int)age
4 {
5     self->_age = age;
6 }
7 (int)age
8 {
9     r    retu eturn self->_age;
10}
11     (void)test
12{
13    int _age = 20;
14    NSLog(@"Person 的年龄是%d",self->_age);
15}
16@end
```

再次运行程序，结果如图 3-2 所示。

图 3-2　例 3-4 运行结果

从图 3-2 中可以看出，程序成功访问到了成员变量_age 的值。需要注意的是，当使用 self 访问成员变量时，由于 self 本身是一个指向当前对象的指针，因此，它其实就是调用 self 所在方法的一个对象。

3.1.2　self 调用方法

self 关键字不仅可以访问成员变量，还可以调用方法。使用 self 调用方法的方式比较简单，只需要使用"[self 方法名]"即可。接下来，创建一个 Dog 类，Dog 类的声明和实现如例 3-5 和例 3-6 所示。

例 3-5　Dog.h

```
1 #import<Foundation/Foundation.h>
2 @interface Dog : NSObject
3 - (void)bark;
4 - (void)run;
5 @end
```

例 3-6　Dog.m

```
1 #import "Dog.h"
2 @implementation Dog
3 - (void)bark
4 {
5     NSLog(@"狗狗汪汪汪");
6 }
7 - (void)run
8 {
9     [self bark];
10    NSLog(@"狗狗跑跑跑");
11}
12@end
```

在例 3-6 中，Dog 类在实现 run 方法时，使用 self 调用了本类的 bark 方法。这时，在 main 文件中创建 Dog 对象，并调用 run 方法，具体代码如例 3-7 所示。

例 3-7　main.m

```
1 #import<Foundation/Foundation.h>
2 #import "Dog.h"
3 int main(int argc, const char * argv[])
4 {
5     @autoreleasepool {
6         Dog *d = [[Dog alloc]init];
7         [d run];
8     }
9     return 0;
10}
```

运行结果如图 3-3 所示。

```
           ▼  ▶  ⏸  ↻  ↓  ↑  ↗   No Selection
2014-09-24 09:33:31.490 self调用方法[1816:303] 狗狗汪汪汪
2014-09-24 09:33:31.491 self调用方法[1816:303] 狗狗跑跑跑
Program ended with exit code: 0


All Output ⬧                                                    🗑  ▯▮ ▮▯
```

图 3-3　例 3-7 运行结果

从图 3-3 中可以看出，程序不仅输出了 run 方法中打印的语句，而且输出了 bark 方法中打印的语句。需要注意的是，self 是一个指向当前对象的指针。对象方法中的 self 指向的是对象，所以只能调用对象方法；而类方法中的 self 指向的是类，所以只能调用类方法。

🦶 **脚下留心：避免使用 self 调用方法本身**

self 调用方法的时候注意避免调用方法自己，若一个方法中利用 self 调用方法本身，则会造成死循环，影响程序的正常运行。例如，下面是一个 Person 类，其声明和实现代码如例 3-8 和例 3-9 所示。

例 3-8　Person.h

```
1 #import<Foundation/Foundation.h>
2 @interface Person : NSObject
3 - (void)test;
4 @end
```

例 3-9　Person.m

```
1 #import "Person.h"
2 @implementation Person
3 -(void)test
4 {
5     NSLog(@"调用了 test 方法");
6     [self test];
7 }
8 @end
```

在 main 文件中创建 Person 对象，并调用 test 方法，具体代码如例 3-10 所示。

例 3-10　main.m

```
1 #import<Foundation/Foundation.h>
2 #import "Person.h"
3 int main(int argc, const char * argv[])
4 {
5     @autoreleasepool {
6         Person *p = [[Person alloc]init];
7         [p test];
```

```
8    }
9    return 0;
10}
```

运行结果如图 3-4 所示。

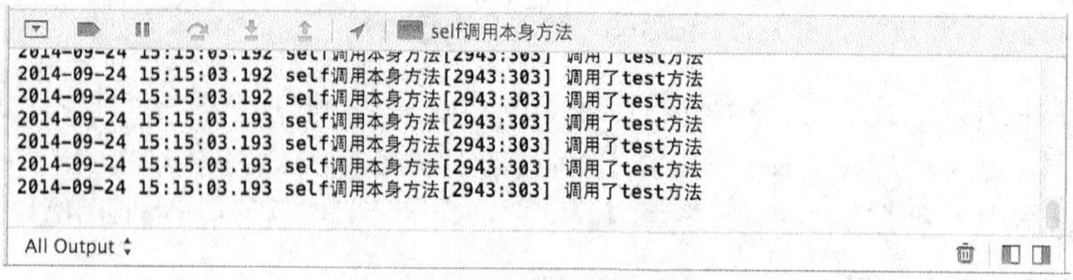

图 3-4　例 3-10 运行结果

从图 3-4 中可以看出，当在 test 方法中用 self 调用 test 方法时，程序会一直重复打印 "调用了 test 方法"。由此可见，当在一个方法中使用 self 调用方法时，不能调用方法本身，否则会陷入死循环。

3.2　点语法

在讲解封装时，已经介绍过 set 和 get 方法的调用。在 OC 中，提供了另外一种可以实现 set 和 get 方法调用的语法，称为点语法。点语法的基本格式如下所示。

指针变量.变量；

当使用点语法获取值的时候，系统会调用相关的 get 方法，默认的 get 方法名为点以后的字符。当使用点语法给变量赋值时，会调用 set 方法，默认的 set 方法名为点以后的字符首字母大写并在前面加一个 set。

为了帮助大家更好地理解点语法，接下来，在例 3-1 声明的 Person 基础上，对 Person 类的实现进行修改，修改后的代码如例 3-11 所示。

例 3-11　Person.m

```
1  #import "Person.h"
2  @implementation Person
3  - (void)setAge:(int)age
4  {
5      _age = age;
6      NSLog(@"调用了 set 方法");
7  }
8  - (int)age
9  {
10     NSLog(@"调用了 get 方法");
11     return _age;
12 }
13 - (void)test
14 {
```

```
15      NSLog(@"Person 的年龄是%d 岁",_age);
16}
17@end
```

在 main 文件中创建 Person 对象，使用点语法为 Person 类的成员变量赋值，并获取成员变量的值，具体代码如例 3-12 所示。

例 3-12　main.m

```
1 #import <Foundation/Foundation.h>
2 #import "Person.h"
3 int main(int argc, const char * argv[])
4 {
5      @autoreleasepool {
6          Person *p = [[Person alloc]init];
7          NSLog(@"---------------------------------------------");
8          p.age = 10;
9          NSLog(@"---------------------------------------------");
10         int a = p.age;
11         NSLog(@"---------------------------------------------");
12         [p test];
13     }
14     return 0;
15}
```

运行结果如图 3-5 所示。

```
                    No Selection
2015-01-23 15:29:10.644 05-点语法的使用[1699:1569252] ---------------------------------------------
2015-01-23 15:29:10.645 05-点语法的使用[1699:1569252] 调用了set方法
2015-01-23 15:29:10.646 05-点语法的使用[1699:1569252] ---------------------------------------------
2015-01-23 15:29:10.646 05-点语法的使用[1699:1569252] 调用了get方法
2015-01-23 15:29:10.646 05-点语法的使用[1699:1569252] ---------------------------------------------
2015-01-23 15:29:10.646 05-点语法的使用[1699:1569252] Peron的年龄是10岁
Program ended with exit code: 0

All Output ○
```

图 3-5　例 3-12 运行结果

从图 3-5 中可以看出，程序调用了 Person 类中定义的 set 和 get 方法。由此可见，使用点语法同样可以实现 set 和 get 方法的调用。需要注意的是，点语法的本质是 set、get 方法，如果一个成员变量没有 set、get 方法，则不能使用点语法。

🐾脚下留心：避免在 set、get 方法中使用点语法

在使用点语法的时候不能在 set、get 方法中使用点语法，否则会造成循环引用。接下来对例 3-11 进行修改，在 set 方法和 get 方法中使用点语法，修改后的代码如例 3-13 所示。

例 3-13　Person.m

```
1 #import "Person.h"
2 @implementation Person
```

```
3  - (void)setAge:(int)age
4  {
5      NSLog(@"调用 set 方法");
6      self.age = age;
7  }
8  - (int)age
9  {
10     NSLog(@"调用 get 方法");
11     return self.age;
12 }
13 @end
```

在 main 文件中创建 Person 对象，并调用 set 和 get 方法，如例 3-14 所示。

例 3-14　main.m

```
1  #import<Foundation/Foundation.h>
2  #import "Person.h"
3  int main(int argc, const char * argv[])
4  {
5      @autoreleasepool {
6          Person *p = [[Person alloc]init];
7          [p setAge:10];
8          [p age];
9      }
10     return 0;
11 }
```

运行结果如图 3-6 所示。

```
2014-09-25 16:17:26.477 点语法[6742:303] 调用 set 方法
2014-09-25 16:17:26.477 点语法[6742:303] 调用 set 方法
2014-09-25 16:17:26.478 点语法[6742:303] 调用 set 方法
2014-09-25 16:17:26.478 点语法[6742:303] 调用 set 方法
2014-09-25 16:17:26.478 点语法[6742:303] 调用 set 方法
2014-09-25 16:17:26.479 点语法[6742:303] 调用 set 方法
2014-09-25 16:17:26.479 点语法[6742:303] 调用 set 方法
All Output ‡
```

图 3-6　例 3-14 运行结果

从图 3-6 中可以看出，程序出现了死循环。这是因为执行代码 self.age = age 时，它等价于[self setAge:age]，这样就会重复循环调用 setAge 方法，造成死循环。同理，当执行代码"return self.age"时，也会造成循环引用，只不过程序卡在 setAge 方法中，不能往下一步正常运行了。所以在 set、get 方法中要避免使用点语法。

3.3 属性

在 OC 中定义变量时，先对变量进行封装，之后提供了 set、get 方法供外界访问操作。但是当变量的数目不断增多时，显然手动添加 set、get 方法的操作是非常繁琐的，而且会使程序代码量大大增加。为此，OC 提供了属性，它可以代替 set 和 get 方法实现数据的封装。接下来，本节将针对属性进行详细讲解。

3.3.1 声明属性

在 OC 中，属性的声明以关键字@property 开头，它可以出现在一个类的@interface 代码部分的方法声明列表中的任何位置，其基本的语法格式如下所示。

@property（特性 1，特性 2……）变量类型　变量名；

在上述语法格式中，@property 用来声明一个属性，之后小括号中包含的特性是可选的，它是对属性行为的描述。每个属性都有一个变量类型和一个变量名，为了大家更好地学习如何声明属性，看一段简单的属性声明代码，具体如下所示。

@property int age;

上述代码以@property 开头声明了一个 age 属性，它等价于下列代码。

```
{
@private int _age;
}
- (void)setAge:(int)age;
- (int)age;
```

通过上述两段代码的比较可以看出，以@property 关键字声明的属性替代了成员变量 _age 的声明，以及 set 和 get 方法的声明，并且使用@property 可以有效减少代码量。

3.3.2 声明属性的特性

在声明属性时，可以设定属性的特性。属性可选特性的设定会影响编译器所生成的 set 和 get 方法，特性可以设置一个，也可以设置多个，下面针对属性的主要特性进行详细讲解。

● 原子性

默认情况下，属性是 atomic 的，表示具有原子性，所以由编译器生成的 set 和 get 方法提供了健全的在多线程的环境中访问属性的功能，get 方法的返回值或通过 set 方法设置的值可以完全不受其他线程执行的影响，而进行设置。但是，如果将属性的特性设置为 nonatomic，则标明 set 和 get 方法是非原子操作，它不使用同步锁，所以也就不能保证 set 和 get 方法不受其他线程的影响。

● 读写权限

readwrite 和 readonly 这两个特性控制编译器是否让属性自动生成 set 方法，它们两个是互斥的，关于 readwrite 和 readonly 特性的描述如表 3-1 所示。

表 3-1　读写属性

特性名称	特性描述
readwrite	用于标识一个属性是可读写的，这个特性是默认的，表明@implementation 中需要同时实现 set 和 get 方法；如果在实现中使用了@synthesize 指令，那么 get 和 set 方法会由编译器自动生成

特性名称	特性描述
readonly	用于标识一个属性是只读的，并且在@implementation 中仅需要实现一个 get 方法。如果在实现中使用了@synthesize 指令，那么编译器只生成 get 方法；另外，如果代码中使用点语法进行赋值，编译器会报错

从表 3-1 中可以看出，具有 readwrite 特性的属性拥有 set、get 方法，若使用@synthesize 实现，编译器会自动生成这两个方法。而具有 readonly 特性的属性则仅拥有 get 方法，只有当该属性使用@synthesize 实现时，编译器才会生成 get 方法。

● 访存方法名

一个属性的访问和存储方法默认的方法名分别为 propertyName 和 setPropertyName。例如，有一个属性 name，访问和设置该属性的方法分别为 name 和 setName:。但是，如果某些属性是 Boolean 类型，则需要在 get 方法上添加 is 作为前缀。例如，表示一个开关的状态是开还是关，则可以用下列代码表示：

```
@property (nonatomic, getter = isOn) BOOL on;
```

● set 语义

在声明属性的特性时，有一些用于标明 set 方法的语义，具体如表 3-2 所示。

表 3-2　set 方法特性

特性名称	特性描述
strong	此特性用于标明属性定义了一种"所属关系"，为这种属性设置新值时，设置方法会保留新值并释放旧值，然后再将新值设置上去
weak	此方法定义了一种非所属关系，为这种属性设置新值时，设置方法不会保留新值，也不释放旧值，此类特性与 assign 相似，如果目标对象被取消，那么属性值会自动设为 nil
copy	标明在分配对象时会进行复制，并向原来的对象发送一个 release 消息，复制消息是通过调用 copy 方法实现的，并且这个对象要实现 NSCopying 协议
assign	标明 set 方法使用简单的内存分配，这个特性是默认的，一般是针对数值进行的赋值操作
retain	此特性所表达的所属关系与 strong 相似，然而设置方法不会保留新值。当属性类型为 NSString 类型时，经常用此特性来保护其封装性，传递给设置方法的新值可能指向一个 NSMutaleString 类的实例，这个类表示可以修改其值的字符串

3.3.3　实现属性

完成属性的声明后，就需要实现属性。属性的实现是通过@synthesize 关键字实现的，其基本的语法格式如下所示。

```
@synthesize 变量名= _变量名;
```

在上述代码中，@synthesize 用来通知编译器生成没有在@implementation 中实现的 set 和 get 方法。反之，如果没有为属性标明@synthesize，那么必须为这个属性实现 set 和 get 方法，否则编译器会报错。

例如，对 age 属性进行实现，具体代码如下所示。

```
@synthesize age = _age;
```

上述代码等同于下列代码。

```
- (void)setAge:(int)age
{
    _age = age;
}
- (int)age
{
    return _age;
}
```

为了帮助大家更好地掌握属性的实现，接下来，创建一个 Student 类，Student 类的声明和实现如例 3-15 和例 3-16 所示。

例 3-15　Student.h

```
1 #import<Foundation/Foundation.h>
2 @interface Student : NSObject
3 @property (nonatomic,assign)int age;
4 @end
```

例 3-16　Student.m

```
1 #import "Student.h"
2 @implementation Student
3 @synthesize age = _age;
4 @end
```

例 3-15 和例 3-16 创建了一个 Student 类，并且使用@property 和@synthesize 关键字分别对属性进行了声明和实现。在 main 文件中创建了一个 Student 类的对象，调用 setAge 方法将成员变量_age 的值设为 15，同时调用 age 方法获取成员变量_age 的值，具体代码如例 3-17 所示。

例 3-17　main.m

```
1 #import <Foundation/Foundation.h>
2 #import "Student.h"
3 int main(int argc, const char * argv[])
4 {
5     @autoreleasepool {
6         Student *stu = [[Student alloc]init];
7         [stu setAge:15];    //调用 set 方法
8         int a = [stu age];  // 调用 get 方法
9         NSLog(@"学生的年龄是%d 岁",a);
10    }
```

```
11    return 0;
12}
```

运行结果如图 3-7 所示。

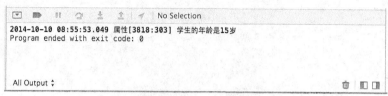

图 3-7 例 3-17 运行结果

从图 3-7 中可以看出，程序正确输出了成员变量 _age 的值，说明使用@property 和@synthesize 关键字对属性 age 的声明和实现是很方便的。

👆多学一招：@property 关键字的作用

从 Xcode4.4 以后，以@property 关键字声明的属性，已经独揽了之前@property 和@synthesize 关键字的作用，它本身就可以实现下列 3 个功能。

① 定义私有的带下划线的成员变量；
② 对定义的私有的成员变量的 get 和 set 方法进行声明；
③ 对定义的私有的成员变量的 get 和 set 方法进行实现。

为了帮助大家更好地熟悉这一改变，同样地创建一个 Student 类，Student 类的声明和实现如例 3-18 和例 3-19 所示。

例 3-18   Student.h

```
1 #import<Foundation/Foundation.h>
2 @interface Student : NSObject
3 @property (nonatomic,assign)int age;
4 @end
```

例 3-19   Student.m

```
1 #import "Student.h"
2 @implementation Student
3 @end
```

例 3-18 和例 3-19 创建了一个 Student 类，并且利用@property 关键字对属性进行了声明。在 main 文件中创建了一个 Student 类的对象，调用 setAge 方法设置成员变量 _age 的值为 15，同时也调用了 age 方法获取赋值后的成员变量值，具体代码如例 3-20 所示。

例 3-20   main.m

```
1 #import<Foundation/Foundation.h>
2 #import "Student.h"
3 int main(int argc, const char * argv[])
4 {
5     @autoreleasepool {
```

```
6        Student *stu = [[Student alloc]init];
7        [stu setAge:15];     //调用 set 方法
8        int a = [stu age];   // 调用 get 方法
9        NSLog(@"学生的年龄是%d 岁",a);
10    }
11    return 0;
12}
```

运行结果如图 3-8 所示。

图 3-8　例 3-20 运行结果

从图 3-8 的运行结果可以看出，以@property 关键字对属性 age 的声明，成功地替代了成员变量 _age 的声明，以及 set 和 get 方法的声明和实现。这样的做法会更加节省编程时间，提高编程效率。

3.4　构造方法

从前面所学的知识可知，实例化一个对象需要分为两步：第一步是为对象分配存储空间，第二步是将对象初始化。对象的初始化是通过调用 NSObject 的 init 方法实现的，因此，init 方法也称为构造方法。接下来，本节将针对构造方法的相关知识进行详细讲解。

3.4.1　重写 init 方法

默认情况下，OC 对象的初始值为 nil，但是，若想在实例化对象的同时，就为对象的某些属性赋值，则需要重写 init 方法。例如，创建一个 Phone 对象，若想让它的每个对象初始化后 price 属性值就是 1000.0 元，则需要对 init 方法进行重写。重写 init 方法大致可分为四步，具体如下所示。

① 首先通过"[super init]"调用父类的初始化方法；
② 检查父类返回的对象，如果是 nil，则初始化不能进行，需要向接收者对象返回 nil；
③ 在初始化实例对象时，如果它们是其他对象的引用，则在必要时要进行保留；
④ 为实例变量设置初始值，并返回 self。

为了帮助大家更好地学习如何重写 init 方法，接下来，定义一个 Phone 类，Phone 类的声明和实现如例 3-21 和例 3-22 所示。

例 3-21　Phone.h

```
1 #import<Foundation/Foundation.h>
2 @interface Phone : NSObject
3 @property (nonatomic,assign)float price;
4 @end
```

例 3-22　Phone.m

```
1 #import "Phone.h"
2 @implementation Phone
3 -(id)init
4 {
5     //初始化父类中声明的一些成员变量和属性，返回当前对象，赋值给当前对象。
6     self = [super init];
7     if (self != nil) {     //判断对象是否初始化成功
8         _price = 1000.0;
9     }
10    return self;             //返回对象本身
11}
12@end
```

在例 3-22 中，第 5~9 行代码重写了 init 方法，完成了成员变量 price 的初始化。在 main 文件中创建两个 Phone 对象，并访问成员变量 price，具体代码如例 3-23 所示。

例 3-23　main.m

```
1 #import<Foundation/Foundation.h>
2 #import "Phone.h"
3 int main(int argc, const char * argv[])
4 {
5     @autoreleasepool {
6         Phone *p1 = [[Phone alloc]init];
7         NSLog(@"p1 手机的价格是%f 元",p1.price);
8         Phone *p2 = [[Phone alloc]init];
9         NSLog(@"p2 手机的价格是%f 元",p2.price);
10    }
11    return 0;
12}
```

运行结果如图 3- 9 所示。

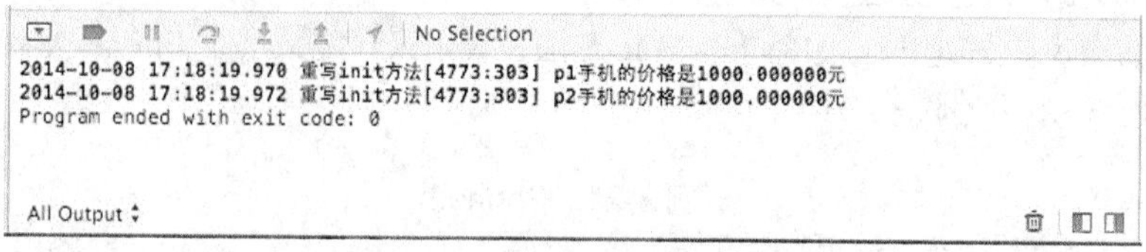
No Selection
2014-10-08 17:18:19.970 重写init方法[4773:303] p1手机的价格是1000.000000元
2014-10-08 17:18:19.972 重写init方法[4773:303] p2手机的价格是1000.000000元
Program ended with exit code: 0
All Output

图 3-9　例 3-23 运行结果

在例 3-23 中，第 3～11 行代码创建了两个 Phone 对象，并访问了成员变量 price。从图 3-9 中可以看出，成员变量 price 的值被成功初始化为 1000 了。

3.4.2 自定义构造方法

当重写 init 方法时，init 方法不接收任何参数，但如果希望在调用 init 方法时传入参数，则需要自定义构造方法。自定义构造方法的方式与对象方法的定义方式类似，具体示例如下所示。

```
- (id)initWithName:(NSString *)name :(int)age;
```

上述代码是一个自定义的构造方法，该方法的名称是 initWithName，返回值类型为 id，它接收两个类型的参数，分别是 NSString 类型的 name 和 int 类型的 age。需要注意的是，自定义构造方法的名称大多数以 initWith 开头，并且返回值类型一定为 id 类型。

为了帮助大家更好地理解自定义构造方法，接下来，定义一个 Person 类，该类中自定义了一个 initWithName 的构造方法，Person 类的声明和实现如例 3-24 和例 3-25 所示。

例 3-24　Person.h

```
1 #import<Foundation/Foundation.h>
2 @interface Person : NSObject
3 @property (nonatomic,copy)NSString *name;
4 @property (nonatomic,assign)int age;
5 - (id)initWithName:(NSString *)name :(int)age;
6 @end
```

例 3-25　Person.m

```
1 #import "Person.h"
2 @implementation Person
3 - (id)initWithName:(NSString *)name :(int)age
4 {
5     self = [super init];
6     if (self != nil) {
7         self.name = name;
8         self.age = age;
9     }
10    return self;
11}
12@end
```

在例 3-25 中，Person 类首先对继承自父类的成员变量进行初始化，然后将传入的参数赋值给成员变量，最后返回初始化完成的对象本身。接下来，在 main 文件中初始化 Person 对象，并访问对象的属性，具体代码如例 3-26 所示。

例 3-26　main.m

```
1 #import<Foundation/Foundation.h>
2 #import "Person.h"
3 int main(int argc, const char * argv[])
```

```
4 {
5     @autoreleasepool {
6         Person * p1 = [[Person alloc]initWithName:@"jack" :24];
7         NSLog(@"%@的年龄是%d 岁",p1.name,p1.age);
8         Person * p2 = [[Person alloc]initWithName:@"rose" :23];
9         NSLog(@"%@的年龄是%d 岁",p2.name,p2.age);
10    }
11    return 0;
12}
```

运行结果如图 3-10 所示。

```
▽  ▶  ‖  ⟳  ⬆  ⬆  ⬈    No Selection
2014-10-08 16:52:55.600 自定义构造方法[4685:303] jack的年龄是24岁
2014-10-08 16:52:55.602 自定义构造方法[4685:303] rose的年龄是23岁
Program ended with exit code: 0

All Output ⌄                                              🗑 ▢▢ ▢
```

图 3-10　例 3-26 运行结果

在例 3-26 中，第 6 行和第 8 行代码分别在创建对象的时候，就传入了参数。从图 3-10 中可以看出，程序输出了对象初始化的值，说明调用自定义构造方法完成对象的初始化后，对象的属性也初始化完成了。

3.5　description 方法

通过前面章节的学习，发现信息的输出都是通过 NSLog 函数实现的，但是 NSLog 函数却不能将对象的有效信息进行输出。为了帮助大家更好地理解，接下来，先来使用 NSLog 直接输出 Person 对象，具体代码如例 3-27 所示。

例 3-27　main.m

```
1 #import <Foundation/Foundation.h>
2 #import "Person.h"
3 int main(int argc, const char * argv[])
4 {
5     @autoreleasepool {
6         Person *p = [[Person alloc]init];
7         p.age = 10;
8         p.name = @"itcast";
9         NSLog(@"%@",p);
10    }
11    return 0;
12}
```

运行结果如图 3-11 所示。

图 3-11 例 3-27 运行结果

从图 3-11 中可以看出，程序没有直接输出 Person 对象属性的值。这是因为使用 NSLog 输出某个对象时，首先会调用 NSObject 对象的 description 方法，该方法默认实现返回的格式为"<类名：对象的内存地址>"，因此，当使用 NSLog 输出对象时，会将 description 方法返回的字符串代替"%@"进行输出。

针对上述情况，可以通过重写 description 方法实现。接下来，在 Person 类的实现中重写 description 方法，修改后的代码如例 3-28 所示。

例 3-28　Person.m

```
1 #import "Person.h"
2 @implementation Person
3 - (NSString *)description
4 {
5     return [NSString stringWithFormat:@"age = %d,name = %@",_age,_name];
6 }
7 @end
```

重新运行程序，结果如图 3-12 所示。

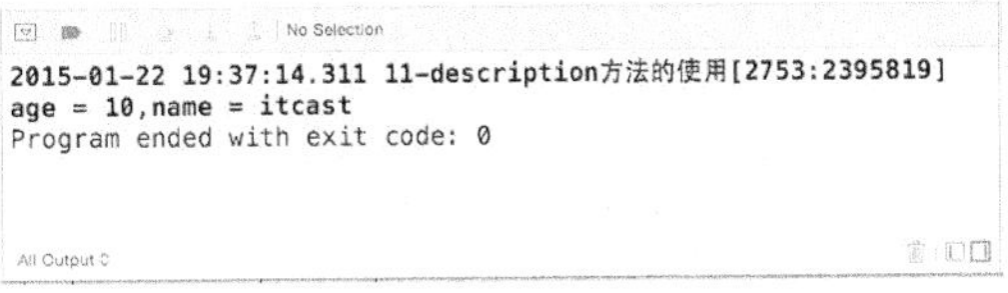

图 3-12 例 3-28 运行结果

在例 3-28 中，第 3~6 行代码实现了对 NSObject 的 description 方法的重写，从图 3-12 中可以看出，程序正常输出了 Person 对象中各个属性的值。需要注意的是，在重写 description 方法时，不仅可以重写对象的 description 方法，而且可以重写类的 description 方法；但无论重写谁的 description 方法，如果 description 方法中包含 NSLog 语句，则在 NSLog 语句中不能使用 self，否则会循环调用 description 方法，从而造成死循环。

3.6　断点调试

在编写程序时，难免会出现错误，为了快速发现并解决程序中的这些错误，可以使用断点进行调试，通过断点可以快速定位错误，帮助分析程序出错的原因。以 Person 类为例，在 main 文件中创建 Person 对象，并访问 Person 对象的属性，main 文件中的代码如例 3-29 所示。

例 3-29　main.m

```
1 #import <Foundation/Foundation.h>
2 #import "Person.h"
3 int main(int argc, const char * argv[])
```

```
4 {
5    @autoreleasepool {
6        Person *p = [[Person alloc]init];
7        p.age = 10;
8        p.name = @"zhangsan";
9        NSLog(@"%@的年龄是%d",p.name,p.age);
10   }
11   return 0;
12}
```

为了帮助大家快速掌握如何断点调试，接下来，分步骤讲解如何对例 3-29 中的代码进行断点调试，具体如下。

1．设置断点

左键单击代码段左侧行号区域，会看到一个蓝色箭头，具体如图 3-13 所示。

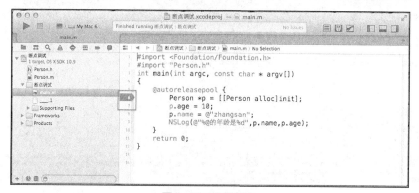

图 3-13　设置断点

2．运行程序

运行程序，发现程序会停止在断点所在行，结果如图 3-14 所示。

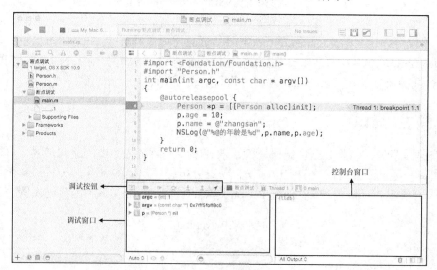

图 3-14　断点运行

从图 3-14 中可以看出，断点所在行的背景颜色是绿色的，并且后面会有断点提示。在代码下方有两个窗口，其中左边是调试窗口，右边是控制台输出的窗口。在代码调试窗口上方，包含了很多调试按钮，这些调试按钮的功能各不相同。例如，从左边开始，第 1 个按钮用来打开或关闭调试窗口；第 2 个按钮用来断点调试；第 3 个按钮用来继续执行程序，跳到下一个断点；第 4 个按钮是单步调试按钮，用于向下执行一行代码；第 5 个按钮用于跳入当前代码中的方法，查看方法的源代码；第 6 个按钮用于从当前方法中跳出。

3. 单步调试

点击图 3-14 所示的第 4 个按钮，进入下一行代码，这时，Xcode 会自动弹出一个小窗口来显示它的数值，如图 3-15 所示。

图 3-15　单步调试

从图 3-15 中可以看出，程序第 6 行执行完毕，停止在第 7 行代码上，并且在弹出的小窗口中显示出了 Person 对象的内存地址是 0x100200170。这时，点击小窗口左边的小箭头，会展示出更加详细的信息，具体如图 3-16 所示。

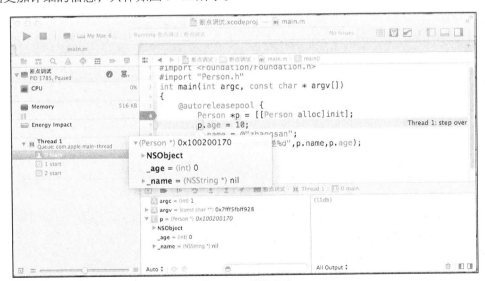

图 3-16　详细信息

从图 3-16 可以看出，Person 对象的_age 值为 0，_name 值为 nil，这时程序代码只把第 6 行的代码执行完毕了。继续点击单步调试的按钮，执行第 7 行代码，执行后的结果如图 3-17 所示。

图 3-17　单步调试

从图 3-17 中可以看出，_age 的值是 10，而_name 的值为 nil，说明第 7 行代码成功执行了。这时，继续点击单步调试的按钮，执行第 8、9 行代码，结果如图 3-18 所示。

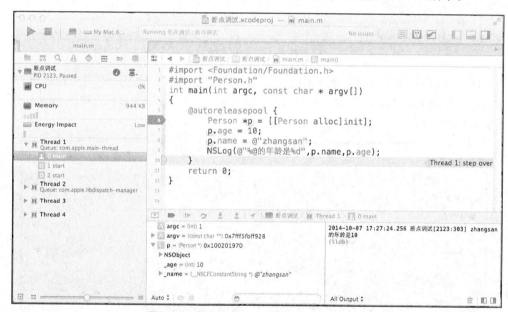

图 3-18　输出 Person 对象 name 和 age 值

从图 3-18 中可以看出，程序成功输出了 Person 对象 name 和 age 的值。由此可见，使用断点可以准确定位程序中每个变量和对象的状态。这样一来，如果程序报错，就可以比较准确地锁定报错的位置，对程序进行修改。

3.7 本章小结

　　本章是对面向对象的深入学习，首先介绍了 self 关键字的用法，其次介绍了点语法的使用，之后详细介绍了属性的声明和用法。属性在以后的学习中用得非常地频繁，所以一定要熟练掌握。构造方法是 OC 语言的一个升华点，学会使用构造方法会使代码更加整洁有效率；重写 description 方法能更好地打印出我们想要得到的信息。在本章的最后介绍了断点调试，它帮助大家快速定位程序中的错误，有效修改程序错误。

第 4 章
内存管理

📖 **学习目标**

- 了解为什么要管理内存
- 掌握如何使用引用计数器管理内存
- 掌握 ARC 机制的原理

在开发 OC 程序时，为了让应用程序的内存消耗最低，需要及时清除无用的对象，但是需要确保清除的不是正在使用的对象，因此，需要一种机制来对内存中的对象进行管理。内存管理是 OC 语言中很重要的一部分，它关系到 OC 程序的执行效率。本章将针对内存管理的相关知识进行详细讲解。

4.1 为什么要管理内存

在日常生活中，每个家庭中的垃圾桶隔一段时间就需要清理一次，不然垃圾就会越堆越多，造成垃圾泛滥。同样，移动设备的内存也是有限的，当应用所占用的内存较多时，系统就会发出内存警告，甚至会非正常退出，这样的用户体验是非常差的。

针对上述情况，OC 提供了内存管理机制，它可以及时回收一些不再使用的对象，从而避免内存泄露。为了便于大家更好地理解内存管理，先来看一个例子，如例 4-1 所示。

例 4-1 main.m

```
1 #import <Foundation/Foundation.h>
2 #import "Person.h"
3 int main(int argc, const char * argv[])
4 {
5       int a = 10;
6       int b = 20;
7       Person *p = [[Person alloc]init];
8       return 0;
9 }
```

在例 4-1 中，首先创建了两个 int 类型的变量 a 和 b，然后创建了一个 Person 类的对象，并使用指针变量 p 指向这个实例对象。变量 a、b 和 Person 对象在内存中的存储状态如图 4-1 所示。

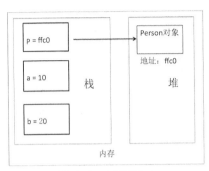

图 4-1　内存状态 1

在 OC 中，变量存储在栈中，对象存储在堆中，栈中的内存空间系统会自动回收，而堆中的内存空间是动态分配的，系统很难进行自动回收。从图 4-1 中可以看出，变量 a、b 和指针变量 p 都存储在栈中，而 Person 对象存储在堆中。这样，当例 4-1 中的代码执行到第 9 行时，程序的代码块执行结束，变量的生命周期也结束了，此时，这个程序在内存中的存储状态如图 4-2 所示。

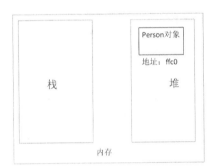

图 4-2　内存状态 2

从图 4-2 中可以看出，栈中变量已经被释放了，而 Person 类的对象仍然占据着堆中的空间，不能够释放。如此一来，随着堆积的对象越来越多，势必会造成内存泄露。由此可见，管理内存是非常重要的。

为了帮助大家更好地理解 OC 中的内存是如何管理的，接下来，通过一张图来描述内存空间的申请与释放的过程，具体如图 4-3 所示。

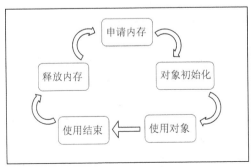

图 4-3　申请内存分配过程图

从图 4-3 中可以看出，OC 中的内存申请和释放是一个循环过程，它可以动态地分配内存，并且在适当的时候回收内存资源，从而保证应用程序在运行时，内存资源可以得到合理的分配和使用。

4.2 引用计数

4.2.1 什么是引用计数

OC 中的内存管理，本质是引用计数操作。虽然在新版本的 iOS 中，已经支持了自动引用管理模式，但是掌握引用计数的原理是非常重要的。接下来，以一个办公室照明的例子来解释什么是引用计数。

假设办公室的灯只有一盏，办公室的人需要照明。开始上班时，第一个进入办公室的人要把灯打开并以此灯开始照明，之后第 2 个人，第 3 个人……陆续进入办公室开始用此灯进行照明。下班的时候，人们陆续离开办公室，不再需要使用此灯进行照明，最后一个离开办公室的人把灯关掉。如果最早下班的人就将此灯关掉，办公室没走的其他人就不能使用此灯，从而会造成场面混乱引出麻烦。

为了解决掉这个麻烦，就需要运用计数功能对需要照明的人数进行统计，计数操作的步骤具体如下。

① 第一个人进入办公室，需要开灯，"需要照明的人数"加 1，计数值从 0 变为 1。

② 之后每一个人进入办公室，"需要照明的人数"加 1，如计数值从 1 变为 2。

③ 下班的时候，"需要照明的人数"减 1，如计数值从 2 变为 1。

④ 最后一个人离开办公室，"需要照明的人数"减 1，计数值从 1 变为了 0，因此要关灯。

根据"需要照明的人数"的统计，对电灯的开关进行管理，这样就能使电灯在不需要照明的时候保持关灯状态，办公室中仅有的灯得到了很好的管理，不浪费资源。

在 OC 中，"对象"就相当于办公室的电灯，"对象的持有者"就类似于办公室内需要照明的人，"对象的持有者"指引用该对象的方法、指针变量等。在办公室上班的人对电灯发出的动作，与 OC 对象操作的对应关系如表 4-1 所示。

表 4-1　人与电灯的动作和 OC 对象操作的对应关系

办公室的人与电灯关系	OC 中对象操作
开灯	生成对象
需要照明	持有对象
不需要照明	释放对象
关灯	废弃对象

在表 4-1 中，OC 中对象会被执行 4 种操作，这 4 种操作会使对象的计数器发生变化。其实，在 OC 中，每个对象都有一个计数器，该计数器在对象内部专门开辟了 4 个字节的存储空间来存储，用于表示有多少个引用指向该对象，这种机制被称为"引用计数"或"保留计数"。OC 中每个对象的操作都会有相应的方法，这些方法会使对象的引用计数发生变化。接下来，通过一张表来列举操作 OC 对象引用计数器的方法，如表 4-2 所示。

在表 4-2 中有关对象内存管理的方法，是基类 NSObject 类的方法或者<NSObject>协议中的方法，可以被所有对象所继承拥有。这些方法是对象在内存管理的 4 个不同时期分别调用的。

表 4-2　对象操作与 OC 方法及引用计数器的相应关系

对象操作	OC 对应方法	引用计数变化
生成并持有对象	+ (id)alloc / + (id)new	0 -> 1
持有对象	− (id)retain	+ 1
释放对象	− (void)release	− 1
废弃对象	− (void)dealloc	1 -> 0

（1）生成并持有对象

在生成一个对象的时候，需要调用 alloc 方法或者 new 方法来给它在内存中分配空间，结果是返回的一个指针变量，指向系统为对象分配的内存空间地址。对象创建出来时，它的"引用计数"至少为 1，相当于做了一次 retain 操作，也就相当于房间中的灯被第一个人打开一样。

（2）持有对象

用 alloc/new 以外的方法取得的对象，并非某个事物自己生成并持有，因此事物不能持有该对象，那么谁想持有该对象，就要调用 retain 方法。调用 retain 方法之后，对象成为事物所持有的，该对象的"引用计数"加 1，相当于有其他人进入房间使用照明一样。

（3）释放对象

当某个事物不再想对对象继续持有时，持有者有义务释放该对象。释放对象时，调用 release 方法，release 方法并不是直接释放掉对象的内存，而是使它的"引用计数"减 1，就像有人离开办公室不再使用照明一样。

（4）废弃对象

当一个对象没有被任何事物所持有时，表示此对象使用结束可以被释放了，此时计数器为 0。系统会向该对象发送一个消息，调用 dealloc 方法，相当于最后一个人离开房间关灯一样。

⊃ 注意：

在 Xcode5.0 及之后的版本，创建的工程，默认是自动管理内存的，这就需要在创建工程之后，点击左侧项目名称。在中间窗口中有三个面板，选择 Build Settings 面板，在搜索框中输入 automatic。之后在 Apple LLVM5.0 – Language- Objective C 一栏中，将 Objctive-c Automatic Reference Counting 设置为 NO，如图 4-4 所示。

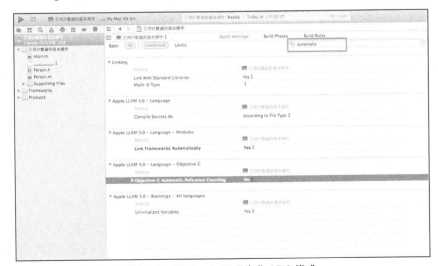

图 4-4　将 Xcode 设置为非 ARC 模式

将项目工程的 Objective-C Automatic Reference Counting 设置为 NO 后，就可以在 Xcode 中手动管理内存了。

4.2.2　引用计数器操作

当使用引用计数管理内存时，对象的状态是和引用计数值密切相关的，要想获取当前对象的引用计数值，可以通过 retainCount 方法来实现，retainCount 方法的声明格式如下所示：

```
- (NSUInteger)retainCount
```

需要注意的是，该方法所返回的数值类型是 NSUInteger，即无符号长整型，在进行输出时所使用的格式符应为 "%lu"。

为了加深初学者对引用计数操作的理解掌握，接下来创建一个 Person 类，Person 类的声明和实现分别如例 4-2 和例 4-3 所示。

例 4-2　Person.h

```
1 #import <Foundation/Foundation.h>
2 @interface Person : NSObject
3 @property (nonatomic,assign)int age;
4 @end
```

例 4-3　Person.m

```
1 #import "Person.h"
2 @implementation Person
3 - (void)dealloc
4 {
5     NSLog(@"%@被销毁了",self);
6     [super dealloc];
7 }
8 @end
```

例 4-2 和例 4-3 声明并实现了一个 Person 类，并且声明了一个 age 属性，例 4-3 中通过重写 dealloc 方法，可以知道对象什么时候被销毁。

创建完 Person 类之后，在文件 main.m 中调用 alloc 方法创建 Person 对象，然后对指向新对象的指针变量 p 分别做一次 retain 操作，两次 release 操作，并在每次操作之后打印输出对象当前时刻的引用计数。具体代码如例 4-4 所示。

例 4-4　main.m

```
1 #import <Foundation/Foundation.h>
2 #import "Person.h"
3 int main(int argc, const char * argv[])
4 {
5     Person *p = [[Person alloc]init];
6     NSLog(@"count:%lu",[p retainCount]);
7     [p retain];
```

```
8         NSLog(@"count:%lu",[p retainCount]);
9         [p release];
10        NSLog(@"count:%lu",[p retainCount]);
11        [p release];
12        return 0;
13}
```

运行结果如图 4-5 所示。

```
▼  ▶  ‖  ⊘  ⏚  ⏏         No Selection
2014-10-23 18:20:07.836 引用计数1[1356:71597] count:1
2014-10-23 18:20:07.837 引用计数1[1356:71597] count:2
2014-10-23 18:20:07.838 引用计数1[1356:71597] count:1
2014-10-23 18:20:07.838 引用计数1[1356:71597] <Person: 0x100202220>被销毁了
Program ended with exit code: 0

All Output ◇                                                    🗑 ▯▮ ▯
```

图 4-5　例 4-4 运行结果

从图 4-5 中可以看出，程序输出了对象不同时刻的引用计数值，并且最后销毁了对象。这是因为在第 5 行代码中创建了一个 Person 对象，此时的引用计数值为 1；当对 Person 对象进行一次 retain 操作之后，引用计数值变为 2；接着进行了一次 release 操作后，引用计数值变为 1；最后进行一次 release 操作后，会调用 dealloc 方法销毁对象。

　⊃ 注意：

也许有细心的初学者会发现。在例 4-4 中，最后一个 release 操作之后，也应该打印当前的引用计数值，并且显示为 0，但结果却不是。这是因为对象在此刻的引用计数已经变为 0 并且被释放，如果还要求对象调 retainCount 方法并显示当前的引用计数，就会出现野指针错误。

☞多学一招：监控僵尸对象

在编写代码的时候，如果像例 4-4 中那样，对象已经释放了，却还要强行使用对象，这时就会产生野指针错误，被释放的对象就叫做僵尸对象。僵尸对象的产生，是一个极端——使用一块已经释放的内存。具体来说，就是我们在对对象已经进行了若干次 release 操作，并使其内存已被释放之后，却仍然继续使用这个对象，向这个对象原来所在的地址发送消息。

当一个对象，例如 Person 对象 p，在它创建时，内存就会在堆内开辟一块地方，用于存储该对象，同时在栈内开辟一块空间，用于存储指针变量 p，且 p 指向所创建的对象。当它的计数器为 0 时，所指向的内存空间就会被立刻收回。但是对象并没有马上被销毁，这时的对象就会变成僵尸对象（OC 中的专业术语，Zombie）。虽然指向的内存空间被收回了，但是对象并没有马上消失，它所指向的内存空间地址的指向还在。这个时候这个指针就被称为野指针，其关系如图 4-6 所示。

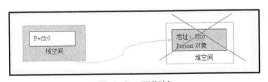

图 4-6　野指针

既然对象的内存空间不能继续访问，那么这时如果继续要去访问对象，就会出现 EXC_BAD_ACCESS 的错误提示。为了防止这个对象被继续使用，我们需要对这个对象进行清空操作，具体代码如下所示：

```
p = nil;
```

在上述代码中，nil 等于 0，也就是把 0 赋值给这个指针。它的地址值被清空，就不会再指向之前的那块空间。对象指向的空间是空的，那么之后再给这个对象发送消息是不起作用的。这就好比没有子弹的枪，开枪多少次都是没有效果的。

默认情况下，Xcode 是不会管僵尸对象的，使用一块被释放的内存也不会报错。但是为了方便对程序的调试，还是应该开启对僵尸对象的监控，操作如下。

在一个项目中，点击工具栏左侧的项目名称按钮，按钮具体位置如图 4-7 所示。

图 4-7　点击项目名称选择选项

在图 4-7 中点击项目按钮之后会出现一个窗口列表，点击 Edit Scheme，会弹出一个窗口，它是用来设置一些结构属性的。先在弹出的对话框左侧选择"Run 引用计数"，然后右侧对话框中切换至"Diagnostics"分页，此分页是用来设置程序诊断的。之后勾选 Enable Zombie Objects 选项，就会开启僵尸对象的监控，具体如图 4-8 所示。

图 4-8　勾选监控僵尸对象

4.2.3　自动释放池

使用 Xcode 新建一个工程的时候，Xcode 总是会默认生成一个 main.m 文件，并且该文件中包含创建好的模板代码，如下所示：

```
#import <Foundation/Foundation.h>
int main(int argc, const char * argv[])
{
    @autoreleasepool {
        // insert code here...
    }
    return 0;
}
```

在上述代码中，main 函数的代码块 @autoreleasepool { } 其实是一个"自动释放池"。其中，关键字 @autoreleasepool 用于声明一个自动释放池，后面紧跟的花括号用于表示它的作用域。当程序执行到括号结尾的时候，该自动释放池就会被销毁，并且它里面的每一个对象都会收到一个 release 消息。

为了便于初学者更好地理解"自动释放池"的作用，以例 4-2 和例 4-3 创建的 Person 类为例，在 main.m 中创建一个 Person 对象，具体如例 4-5 所示。

例 4-5　main.m

```
1 #import <Foundation/Foundation.h>
2 #import "Person.h"
3 int main(int argc, const char * argv[])
4 {
5    @autoreleasepool {
6        Person * p = [[Person alloc]init]autorelease];
7        NSLog(@"count:%lu",[p retainCount]);
8    }
9    return 0;
10}
```

运行结果如图 4-9 所示。

```
2014-10-25 16:57:16.349 AutoreleasePool[5387:637861] count:1
2014-10-25 16:57:16.350 AutoreleasePool[5387:637861] <Person: 0x100202410>被销毁了
Program ended with exit code: 0
```

图 4-9　例 4-5 运行结果

在例 4-5 中，第 6 行代码创建了一个 Person 对象，并且调用 autorelease 方法，也就意味着将新创建的对象放进了自动释放池；第 7 行代码输出 Person 对象的引用计数。从图 4-9 中可以看出，Person 对象当前的引用计数为 1，并且在 NSLog 函数输出后，由于引用计数变为 0，Person 对象被销毁。

⊃ 注意：

main 函数中的"自动释放池"是应用程序的主入口点，但是从技术角度来看，不是非得有个"自动释放池"才行。因为在 main 函数花括号的末尾是应用程序的终止处，此时系统会把程序所占的全部内存都释放掉。但一般情况下，建议保留这个自动释放池，以便在整个应用程序的最外层捕捉自动释放的对象。

4.3 自动引用计数——ARC

对于初学者来说，要想掌握好内存管理是非常困难的。但是，随着 Xcode4.2 版本的发布，出现了一个新特性——自动引用计数（Automatic Reference Counting），简称 ARC 机制。它不需要程序员手动管理内存，编译器会自动选择持有和释放对象，本节将围绕 ARC 进行具体讲解。

4.3.1 ARC 概述

ARC 是 iOS 5 推出的新功能，它不需要在代码中进行 retain、release 操作，但会自动执行引用计数，即引用计数的保留或释放是编译器自动隐性添加的。也就是说，原来用来处理内存管理的引用计数代码是手动编写的，现在编译器在编译之前都会自动隐性地添加它，然后才开始进行编译。

ARC 机制在使用的时候需要遵守两个基本原则，具体如下：

（1）retain、release、autorelease、dealloc 方法的调用由编译器生成；

（2）dealloc 方法可以在子类中重写，但是不能被调用，即不可以在 dealloc 方法中调用父类的 dealloc 方法。

为了让初学者快速掌握什么是 ARC，接下来，对例 4-3 进行修改，在 Person.m 文件中重写 dealloc 方法，但不调用父类的 dealloc 方法，修改后的代码如例 4-6 所示。

例 4-6　Person.m

```
1 #import "Person.h"
2 @implementation Person
3 - (void)dealloc
4 {
5     NSLog(@"%@被销毁了",self);
6 }    retu
7 @end
```

在 main.m 中创建 Person 对象，但不调用 retain、release、autorelease 方法，具体代码如例 4-7 所示。

例 4-7　main.m

```
1 #import <Foundation/Foundation.h>
2 #import "Person.h"
3 int main(int argc, const char * argv[])
4 {
5     @autoreleasepool {
```

```
6        Person *p = [[Person alloc]init];
7        p.age = 20;
8        NSLog(@"age:%d",p.age);
9    }
10   return 0;
11}
```

运行结果如图 4-10 所示。

```
2014-10-27 17:41:27.743 ARC概述[1189:108677] age:20
2014-10-27 17:41:27.745 ARC概述[1189:108677] <Person: 0x10020e020>被销毁了
Program ended with exit code: 0
```

图 4-10　例 4-7 运行结果

在例 4-7 中，第 6 行代码创建了 Person 对象，并用指针变量 p 指向新对象；第 7 行代码调用点语法对 age 属性进行赋值；第 8 行代码输出 age 值。从图 4-10 中可以看出，程序打印出了 age 的值后，销毁了对象。由此可见，在 ARC 机制下，编译器会自动地为对象添加引用计数操作，最终释放对象。

➲ 注意：

ARC 是编译器特性，不是垃圾回收机制，如果您学过 java，在这里不要把 ARC 机制当成是垃圾回收机制，它们是不一样的。垃圾回收机制是运行时的特性，当它发现在运行过程中，有不需要的东西就清理回收；而 ARC 机制是编译器的特性，就是在编译的时候，哪里需要内存管理代码，就自动在哪里插入代码。

多学一招：ARC 下不能调用操作引用计数方法

在 ARC 机制下，若是在程序中仍然调用 retain、release、retainCount 等内存管理的方法，就会发现这些方法都被红线划掉，即都不可以继续使用，Xcode 已经不再支持使用这些方法了，如图 4-11 所示。

```
M        id retain
M NSUInteger retainCount
M        BOOL retainWeakReference

Increments the receiver's reference count. (required)
More...
```

图 4-11　不允许调用 retain、retainCount 方法

同样，重写 dealloc 方法的时候，若有代码[super dealloc],则也会出现报错，如图 4-12 所示。

```
8  #import "Person.h"
9  @implementation Person
10 - (void)dealloc
11 {
12     NSLog(@"%@被销毁了",self);
13     [super dealloc];          ① ARC forbids explicit message send of 'dealloc'
14 }
15 @end
```

图 4-12　不允许调用父类 dealloc 方法

在图4-12中会发现在[super dealloc]之后,会报错误警告"ARC forbids explicit message send of dealloc",说明 ARC 不允许调用父类的 dealloc 方法。

4.3.2 强指针和弱指针

OC 中的对象都是使用指针引用的,如果没有指针的引用,对象就会被自动销毁。OC 中指向对象的指针分为强指针和弱指针两种,关于这两种指针的相关讲解具体如下。

1. 强指针

ARC 机制能自动地完成对象的引用计数操作,是因为 ARC 机制遵守一定的引用规则。苹果官方对于 ARC 机制的引用规则是,只要没有强指针指向的对象,对象就会被自动销毁。也就是说对象在内存中的存在是因为有强指针的引用。

强指针变量用关键字"_ _strong"修饰,默认情况下,所有的指针都是强指针。为了更好地介绍强指针的工作原理,接下来,在 main 文件中使用例 4-2 和例 4-3 定义的 Person 类创建对象,具体代码如例 4-8 所示。

例 4-8　main.m

```
1 #import <Foundation/Foundation.h>
2 #import "Person.h"
3 int main(int argc, const char * argv[])
4 {
5        Person * p = [[Person alloc]init];
6        NSLog(@"--------");
7        p = nil;
8        NSLog(@"--------");
9        return 0;
10}
```

运行结果如图 4-13 所示。

```
☑ ▣ ⅠⅠ ⌖ ⌄ ⌃ ⌃    No Selection
2015-01-23 15:39:42.316 05-强指针的使用[1750:1638193] --------
2015-01-23 15:39:42.317 05-强指针的使用[1750:1638193] <Person: 0x1001002e0>被销毁了
2015-01-23 15:39:42.317 05-强指针的使用[1750:1638193] --------
Program ended with exit code: 0

All Output ○                                           🗑 ▢□▢
```

图 4-13　例 4-8 运行结果

例 4-8 中,第 5 行代码创建了一个 Person 类的对象,然后在第 7 行代码将指向 Person 对象的指针 p 置为 nil。从图 4-13 可以看出,Person 对象被释放后,输出了一条打印语句,说明使用强指针指向的对象会在使用完毕后才被销毁。

2. 弱指针

默认情况下,引用 OC 对象的指针都是强指针,所以想要定义弱指针变量需要使用关键字"_ _weak 修饰"。接下来,在 main 文件中使用例 4-2 和例 4-3 定义的 Person 类创建对象,具体代码如例 4-9 所示。

例 4-9　main.m

```
1 #import <Foundation/Foundation.h>
```

```
2 #import "Person.h"
3 int main(int argc, const char * argv[])
4 {
5       _ _weak Person * p = [[Person alloc]init];
6       NSLog(@"--------");
7       p = nil;
8       NSLog(@"--------");
9       return 0;
10}
```

运行结果如图 4-14 所示。

```
2015-01-23 15:38:06.274 05-强指针的使用[1742:1627314] <Person: 0x100302030>被销毁了
2015-01-23 15:38:06.275 05-强指针的使用[1742:1627314] --------
2015-01-23 15:38:06.276 05-强指针的使用[1742:1627314] --------
Program ended with exit code: 0

All Output ○
```

图 4-14　例 4-9 运行结果

在例 4-9 中，第 5 行代码创建了一个 Person 对象，第 7 行代码将指向 Person 对象的弱指针 p 置为 nil。从图 4-14 可以看出，Person 对象创建完成后，就被释放了，说明使用弱指针指向的对象会在创建完成后被销毁。

⊃ 注意：

weak 指针既然不是对象的持有者，那么不免让人怀疑其存在的意义。其实弱指针存在是因为 weak 型的指针变量自动变为 nil 是非常方便的，这样阻止了 weak 指针继续指向已释放对象，避免了野指针的产生，极大地防止了 bug 的产生。

4.3.3　@property 属性特性

在讲解面向对象时，了解到@property 属性可以用 retain、copy、assign 等关键词来修饰。在内存管理中，@property 属性可以使用 strong 和 weak 来修饰。接下来，针对使用 strong 和 weak 的@property 属性进行详细讲解，具体如下。

1．使用 strong 修饰@property 属性

strong 定义的是一种所属关系，当为@property 属性设置新值时，之前的值将被释放掉，保留新值。为了更好地解释 strong 类型属性特性的用法，先创建一个 Dog 类，Dog 类的声明和实现代码如例 4-10、例 4-11 所示。

例 4-10　Dog.h

```
1 #import <Foundation/Foundation.h>
2 @interface Dog : NSObject
3 @end
```

例 4-11　Dog.m

```
1 #import "Dog.h"
2 @implementation Dog
```

```
3 -(void)dealloc
4 {
5     NSLog(@"Dog 被销毁了");
6 }
7 @end
```

例 4-10 和例 4-11 创建了一个 Dog 类，并且对 dealloc 方法进行重写。为了使 Dog 类的对象可以被作为其他类所引用，接下来创建一个 Person 类，并在 Person 类中声明 Dog 类的属性，Person 类的声明和实现的代码如例 4-12、例 4-13 所示。

例 4-12　Person.h

```
1 #import <Foundation/Foundation.h>
2 @class Dog;
3 @interface Person : NSObject
4 @property(nonatomic, strong)Dog *dog;
5 @end
```

例 4-13　Person.m

```
1 #import "Person.h"
2 @implementation Person
3 - (void)dealloc
4 {
5     NSLog(@"Person 被销毁了");
6 }
7 @end
```

例 4-12 和例 4-13 创建了一个 Person 类，并在 Person 类中声明了一个 strong 类型的 dog 属性，同时也对 Person 类的 dealloc 方法进行重写。

在 main.m 中分别创建 Dog 和 Person 类的对象，并将 Dog 类的指针变量指向给 Person 类的 dog 属性，最后将指向 Dog 对象的指针变量置为 nil，具体代码如例 4-14 所示。

例 4-14　main.m

```
1 #import <Foundation/Foundation.h>
2 #import "Person.h"
3 #import "Dog.h"
4 int main(int argc, const char * argv[])
5 {
6     @autoreleasepool {
7         Person *p = [[Person alloc]init];
8         Dog *d = [[Dog alloc]init];
9         p.dog = d;
10        d = nil;
```

```
11        NSLog(@"---------");
12    }
13    return 0;
14}
```

运行结果如图 4-15 所示。

```
2014-10-28 02:56:06.871 @property特性strong和weak[2016:260939] ---------
2014-10-28 02:56:06.872 @property特性strong和weak[2016:260939] Person被销毁了
2014-10-28 02:56:06.872 @property特性strong和weak[2016:260939] Dog被销毁了
Program ended with exit code: 0
```

图 4-15　运行结果

例 4-14 中，在第 7~8 行代码创建了 Person 和 Dog 对象，在第 10 行代码将指向 Dog 对象的指针变量 d 设置为 nil。从图 4-15 中可以看出，Dog 对象也和 Person 对象一样，在程序输出语句之后被释放。这是因为指向 Dog 对象的指针被释放后，Person 类的_dog 变量仍对 Dog 对象进行强引用，强引用可以使对象不被释放，所以 Dog 对象最后才被释放。

2．使用 weak 修饰@property 属性

weak 定义一种非所属关系，为@property 属性重新设置值时，既不会保留新值，也不会释放之前的值。接下来，同样在 main 文件中使用例 4-10 和例 4-11 的 Dog 类创建对象，使用例 4-12 和例 4-13 的 Person 类创建对象，并将例 4-12 中第 4 行代码中的 strong 改为 weak，具体代码如例 4-15 所示。

例 4-15　main.m

```
1 #import <Foundation/Foundation.h>
2 #import "Person.h"
3 #import "Dog.h"
4 int main(int argc, const char * argv[])
5 {
6    @autoreleasepool {
7        Person *p = [[Person alloc]init];
8        Dog *d = [[Dog alloc]init];
9        p.dog = d;
10        NSLog(@"---------");
11        d = nil;
12        NSLog(@"---------");
13    }
14    return 0;
15}
```

运行结果如图 4-16 所示。

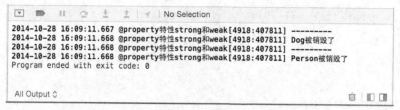

图 4-16　例 4-15 运行结果

从图 4-16 中可以看出，Dog 对象在两个输出语句之间被释放。这说明在例 4-15 中，当指向 Dog 对象的指针变量 d 被清零的时候，Dog 对象就被释放，说明 Person 对象对 Dog 对象有弱引用。

➲ 注意：

在 OC 中，对于对象属性特性声明，若是耗内存的对象，一般会使用 weak 属性特性，这样可以比较快地释放掉不必要的内存，保证应用程序的性能优化。

4.4　本章小结

本章首先讲解了为什么要管理内存和如何管理内存，然后讲解了计数器的操作以及 ARC 机制下如何管理内存。通过本章的学习，应掌握引用计数器操作和 ARC 原理。熟练掌握本章内容，可以使大家编写的应用程序在性能方面得到更大的优化。

PART 5

第 5 章
分 类

📖 学习目标

- 了解分类的概念
- 掌握分类的创建和使用
- 掌握系统自带类的扩充
- 掌握类扩展的使用

在编写面向对象程序时，经常会为现有的类添加一些新的功能。这时，如果不想通过修改原有类或者创建子类的方式来实现，则可以通过分类（Category）来实现。分类是 OC 中的一种特殊语法，它是一种为现有类添加新方法的方式，本章将针对分类的相关知识进行详细讲解。

5.1 分类概述

5.1.1 什么是分类

在实际开发中，随着程序功能的增加，经常需要对类的功能进行扩展。例如，向某个类中添加两个分数相减、相乘、相除的方法，如果直接在类中修改，势必会造成程序代码臃肿，可读性差。如果创建子类，在子类中添加新的方法，随着继承体系越来越复杂，势必会导致系统混乱，难以维护。

针对上述情况，OC 提供了分类，分类可以在不创建子类的情况下，对原有类进行扩展，它不仅可以扩展程序员自己定义的类，还可以扩充系统自带的类。分类的格式与类定义的格式相似，也是分为@interface 和@implementation 两部分，关于这两部分的相关讲解具体如下。

1. @interface

分类的声明与类的声明非常类似，其语法格式如下所示：

```
#import "类名.h"
@interface 类名(分类名称)
方法声明
@end
```

与声明类不同的是，在分类的声明格式中，类名后面加了一个小括号，用于放置分类名称，需要注意的是，该分类名称必须唯一。

为了便于大家更好地理解分类的声明，接下来编写一个 NSString 的分类声明，具体如例 5-1 所示。

例 5-1　NSString+NumberEase.h

```
1 #import "NSString.h"
2 @interface  NSString(NumberEase)
3 -(NSNumber*)lengthAsNumber;
4 @end
```

在例 5-1 中，为 NSString 类添加了一个名为 NumberEase 的分类，该分类中声明了一个名为 lengthAsNumber 的方法。

2．@implementation

既然有@interface，肯定也会有@implementation，@implementation 用于实现自己的方法，其语法结构如下所示：

```
#import  "类名+分类名.h"
@implementation 类名(分类名称)
    方法实现
@end
```

在分类的实现格式中，类名后面同样加了一个小括号，用于放置分类名称。需要注意的是，使用#import 导入声明文件时，导入的不是原有类的声明文件，而是分类的声明文件。

为了让大家更好地理解分类的实现，接下来将对例 5-1 的分类进行实现，具体如例 5-2 所示。

例 5-2　NSString+NumberEase.m

```
1 #import "NSString+NumberEase.h"
2 @implementation NSString (NumberEase)
3 -(NSNumber *) lengthAsNumber
4 {
5   NSUInteger length=[self length];
6   NSNumber *num = [NSNumber numberWithUnsignedLong:length];
7   return num;
8 }
9 @end
```

例 5-2 中的 lengthAsNumber 方法用于获取字符串的长度。其中，第 5 行代码通过调用 NSString 类本身的 length 方法来获取字符串的长度值，该方法返回的是一个 NSUInteger 类的值；第 6 行是将 NSUInteger 类型的数据转化为 NSNumber 类型的数。

5.1.2　使用 Xcode 创建分类

在实际开发中，通常都会使用 Xcode 工具创建分类，Xcode 作为开发 OC 程序的一款强大工具，不仅可以很方便地实现分类的创建，而且可以给分类文件正确命名。为了便于大家更好地学习如何使用 Xcode 创建分类，接下来，分步骤演示使用 Xcode 创建分类，具体如下。

1．创建分类文件

要创建分类，首先要打开项目，在导航栏中选中要创建分类的文件，选择【File】→【New】→【New File】选项，在弹出的新文件窗口左侧选择【Cocoa】，并在右侧选择【Objective-C category】，具体如图 5-1 所示。

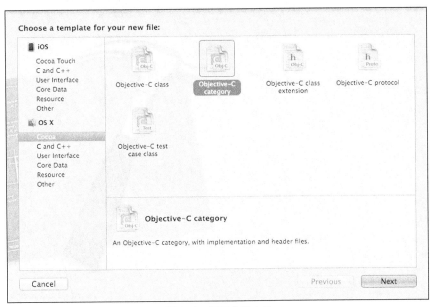

图 5-1　创建分类文件

2．输入分类名称和相关联的类

点击图 5-1 所示的【Next】按钮，进入输入分类名称和相关类的界面。在此，将分类的名称命名为 NumberEase，将添加分类的类指定为 NSString，结果如图 5-2 所示。

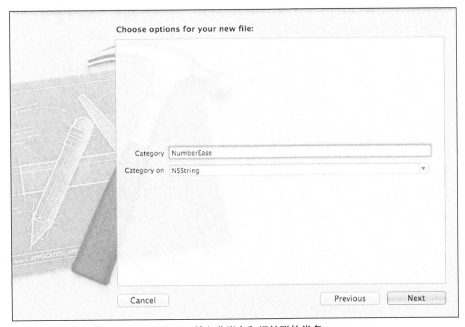

图 5-2　输入分类名和相关联的类名

3．指定文件存储位置

点击图 5-2 所示的【Next】按钮，就进入了选择文件存储位置的界面，结果如图 5-3 所示。

图 5-3　选择分类文件存储位置

4．完成分类的创建

点击图 5-3 所示的【Create】按钮，就完成了分类的创建。这时，会发现 Xcode 左侧界面新建了两个文件，分别是"NSString+NumberEase.h"和"NSString+NumberEase.m"，具体如图 5-4 所示。

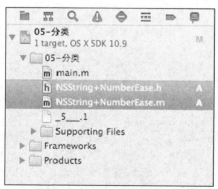

图 5-4　完成分类的创建

在图 5-4 中，"NSString+NumberEase.h"文件是分类的声明文件，"NSString+NumberEase.m"文件是分类的实现文件，这两个文件共同组成了分类。关于分类的具体使用，将在下面的小节进行详细讲解。

5.1.3 调用分类方法

完成分类的创建后，就需要调用分类中定义的方法。分类方法与普通方法的调用方式类似，为了帮助大家更好地学习如何调用分类方法，接下来，通过一个案例来演示，具体步骤如下。

（1）打开 Xcode 工具，创建一个 Person 类，Person 类的声明和实现，如例 5-3 和例 5-4 所示。

例 5-3　Person.h

```
1 #import<Foundation/Foundation.h>
2 @interface Person : NSObject
3 - (void)run;
4 @end
```

例 5-4　Person.m

```
1 #import "Person.h"
2 @implementation Person
3 - (void)run
4 {
5     NSLog(@"我在跑步...");
6 }
7 @end
```

从上述代码可以看出，Person 类中定义了一个 run 方法，该方法用于输出"我在跑步..."。

（2）创建分类文件"Person+Wang"，将其和 Person 类进行关联，为 Person 类增加一个新的方法 study，分类的声明和实现代码如例 5-5 和例 5-6 所示。

例 5-5　Person+Wang.h

```
1 #import "Person.h"
2 @interface Person (Wang)
3 - (void)study;
4 @end
```

例 5-6　Person+Wang.m

```
1 #import "Person+Wang.h"
2 @implementation Person (Wang)
3 - (void)study
4 {
5     NSLog(@"我在学习...");
6 }
7 @end
```

（3）在 main 文件中，调用 Person 类的 run 方法和 study 方法，具体代码如例 5-7 所示。

例 5-7　main.m

```
1 #import <Foundation/Foundation.h>

2 #import "Person.h"

3 #import "Person+Wang.h"

4 int main(int argc, const char * argv[])

5 {

6    @autoreleasepool {

7        Person *p = [[Person alloc] init];

8        //调用 Person 类中的方法 run

9        [p run];

10       //调用 Person+Wang 分类中的方法 study

11       [p study];

12   }

13   return 0;

14}
```

（4）运行程序，结果如图 5-5 所示。

```
2015-01-23 15:44:47.588 02-调用分类方法[1774:1656207] 我在跑步...
2015-01-23 15:44:47.589 02-调用分类方法[1774:1656207] 我在学习...
Program ended with exit code: 0
```

图 5-5　例 5-7 运行结果

从图 5-5 中可以看出，程序输出了 run 方法和 study 方法发送的信息。由此可见，分类方法的调用方式与普通方法类似，并且使用分类向现有类添加方法是非常方便的。

🐾 **脚下留心：避免分类方法名冲突**

如果分类中添加的方法名称与原始类中的方法名重复，则分类中的方法将会覆盖原始类的方法，导致原始类中的方法无法使用。接下来，在分类"Person+Wang"中添加一个 run 方法，修改后的代码如例 5-8 和例 5-9 所示。

例 5-8　Person+Wang.h

```
1 #import "Person.h"

2 @interface Person (Wang)

3 - (void)study;

4 - (void)run;

5 @end
```

例 5-9　Person+Wang.m

```
1 #import "Person+Wang.h"

2 @implementation Person (Wang)

3 - (void)study
```

```
4  {
5      NSLog(@"我在学习...");
6  }
7  - (void)run
8  {
9      NSLog(@"这是分类中的 run 方法...");
10 }
11 @end
```

对分类 "Person+Wang" 修改后，在 main 文件中同样调用 run 和 study 方法，具体代码如例 5-10 所示。

例 5-10   main.m

```
1  #import <Foundation/Foundation.h>
2  #import "Person.h"
3  #import "Person+Wang.h"
4  int main(int argc, const char * argv[])
5  {
6      @autoreleasepool {
7          Person *p = [[Person alloc] init];
8          [p study];
9          [p run];
10     }
11     return 0;
12 }
```

运行程序，结果如图 5-6 所示。

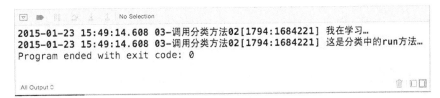

图 5-6   例 5-10 运行结果

从图 5-6 中可以看出，程序输出了 "这是分类中的 run 方法..."，说明程序调用的是分类中的 run 方法。这是因为程序运行期间，会优先从分类查找方法，如果没有找到，就去原始类中查找。当从分类中查找到时，原始类中的方法就不会再被调用了。

5.2 扩充系统自带类

在开发 OC 程序时，经常会使用一些系统自带的类，比如 NSString、NSObject 类等，这些类提供了许多方便实用的方法，但这些方法功能有限，不能满足所有需求。另外，由于系统自带的类不开源，无法通过直接修改方式对类进行扩充，因此，若想对系统自带的类进行扩充，分类是最好的选择。接下来，本节将以 NSString 为例，讲解如何使用分类扩充系统自带的类。

5.2.1 扩充类方法

在进行字符串操作时，最常使用的就是 NSString 类，它是 Foundation 框架中的一个类，封装了很多操作字符串的方法，比如，计算字符串长度的方法、求字符串指定位置字符的方法等。但是，若想计算字符串中的数字个数，NSString 类则无法实现。

分类不仅可以扩充普通类的方法，而且可以扩充系统自带类的方法。为了帮助初学者更好地理解如何使用分类扩充系统自带类的方法，接下来，通过一个案例来演示如何为 NSString 类添加一个计算字符串中数字个数的方法，具体步骤如下。

（1）创建 NSString 的分类，命名为"NSString+Number"，并在分类"NSString+Number"中编写代码，Number 声明和实现的代码如例 5-11 和例 5-12 所示。

例 5-11　NSString+Number.h

```
1 #import<Foundation/Foundation.h>
2 @interface NSString (Number)
3 + (int)numberCountOfString:(NSString *)str;
4 @end
```

例 5-12　NSString+Number.m

```
1 #import "NSString+Number.h"
2 @implementation NSString (Number)
3 + (int)numberCountOfString:(NSString *)str
4 {
5     int count = 0;
6     for (int i = 0; i < str.length; i++) {
7         unichar c = [str characterAtIndex:i];
8         if (c>='0' && c<='9') {
9             count++;
10        }
11    }
12    return count;
13}
14@end
```

从上述代码可以看出，分类"NSString+Number"中定义了一个名为 numberCountOfString 的方法，该方法通过 for 循环实现字符串的遍历，实现了字符串中数字个数的统计。

（2）在 main.m 文件中，调用 NSString 类中的 numberCountOfString 方法，具体实现方式如例 5-13 所示。

```
1 #import <Foundation/Foundation.h>

2 #import "NSString+Number.h"

3 int main(int argc, const char * argv[])

4 {

5     @autoreleasepool {

6         int count = [NSString numberCountOfString:@"007 编号 89757"];

7         NSLog(@"%d",count);

8     }

9     return 0;

10}
```

在例 5-13 中，使用 NSString 类调用了其分类的 numberCountOfString 方法，用于计算字符串 "007 编号 89757" 中的数字个数。

（3）运行程序，结果如图 5-7 所示。

```
┌────────────────────────────────────────────────────────────┐
│ ▼  ⏩  ‖  ↻  ⬆  ‡  │ No Selection                            │
│ 2014-09-19 11:05:54.677 05-分类[1240:303] 8                  │
│ Program ended with exit code: 0                              │
│                                                              │
│                                                              │
│ All Output ‡                                          🗑 ▯▮ ▯▮│
└────────────────────────────────────────────────────────────┘
```

图 5-7   例 5-13 运行结果

从图 5-7 中可以看出，程序正确输出了字符串中的数字个数。由此可见，分类可以实现对系统自带类中方法的扩充。

5.2.2   扩充对象方法

分类不仅可以扩充类方法，还可以扩充对象方法。在面向对象的编程思想中，用对象调用方法是最常见的，因此，掌握如何扩充对象方法是非常必要的。为了帮助初学者更好地学习对象方法的扩充，接下来，同样以计算字符串中数字个数为例，分步骤讲解如何扩充对象方法，具体如下。

（1）创建 NSString 的分类，命名为 "NSString+Number"，并在分类 "NSString+Number" 中编写代码，Number 声明和实现的代码如例 5-14 和例 5-15 所示。

例 5-14   NSString+Number.h

```
1 #import<Foundation/Foundation.h>

2 @interface NSString (Number)

3 - (int)numberCount;

4 @end
```

例 5-15   NSString+Number.m

```
1 #import "NSString+Number.h"

2 @implementation NSString (Number)

3 - (int)numberCount
```

```
4  {
5      int count = 0;
6      for (int i = 0; i < self.length; i++) {
7          unichar c = [self characterAtIndex:i];
8          if (c>='0' && c<='9') {
9              count ++;
10         }
11     }
12     return count;
13 }
```

在例 5-15 中，分类"NSString+Number"中定义了一个名为 numberCount 的对象方法，该方法通过 for 循环实现字符串的遍历，实现了字符串中数字个数的统计。

（2）在 main.m 文件中，调用 NSString 类型对象的 numberCount 方法，具体实现方式如例 5-16 所示。

例 5-16　main.m

```
1 #import <Foundation/Foundation.h>
2 #import "NSString+Number.h"
3 int main(int argc, const char * argv[])
4 {
5     @autoreleasepool {
6         int count = [@"007编号89757" numberCount];
7         NSLog(@"%d",count);
8     }
9     return 0;
10}
```

在例 5-16 中，字符串"007编号89757"调用了 numberCount 方法，用于计算字符串中的数字个数。

（3）运行程序，结果如图 5-8 所示。

```
2014-09-19 11:05:54.677 05-分类[1240:303] 8
Program ended with exit code: 0

All Output ⌄
```

图 5-8　例 5-16 运行结果

从图 5-8 中可以看出，程序同样正确输出了字符串中的数字个数。由此可见，分类可以实现对象方法的扩充。

5.3　类扩展

在 OC 中，有一种特殊的分类叫做类扩展（class extension），与普通分类相比，类扩展直接定义在对应类的实现文件中，并且在@interface部分可以直接添加属性和方法。为了便于大家更好地理解类扩展，接下来，通过一个计算圆面积的案例来学习类扩展，具体步骤如下。

（1）创建一个名为 Circle 的类，该类定义一个 makeCircle 方法用于计算圆的面积，Circle 类的声明如例 5-17 所示。

83

例 5-17　Circle.h

```
1 #import<Foundation/Foundation.h>
2 @interface Circle : NSObject
3 - (void) makeCircle:(double)r;
4 @property (nonatomic, readonly) double radius;
5 @property (nonatomic, readonly) double area;
6 @end
```

在例 5-17 中，Circle 类声明了两个属性和一个方法，其中，area 和 radius 属性用来表示圆的面积和半径，makeCircle 方法用来计算圆的面积。由于面向对象编程的一个重要特征就是隐藏信息，因此，我们需要将 radius 和 area 属性都设置为只读。

（2）为了实现圆面积的计算，需要将 Circle.h 中的方法进行实现，Circle 类的实现代码如例 5-18 所示。

例 5-18　Circle.m

```
1 #import "Circle.h"
2 #define PI 3.1415926 //定义圆周率常数
3 @implementation
4 - (void) makeCircle:(double)r
5 {
6    self.radius = r; // 该行会报错，提示该属性是只读的，不能被赋值
7    self.area = PI * self.radius * self.radius;
8 }
9 @end
```

在例 5-18 中，makeCircle 方法用来计算圆的面积，它接受一个 double 类型的变量 r，用于表示圆的半径。当使用 "self.radius=r" 为半径赋值时，由于 radius 属性是只读的，程序会报错，提示该属性是只读的，不能被赋值。

（3）针对上述情况，我们可以使用类扩展来实现。接下来，对 Circle.m 文件进行修改，使用类扩展将只读属性设置为可读写属性，修改后的代码如例 5-19 所示。

例 5-19　Circle.m

```
1 #import "Circle.h"
2 #define PI 3.1415926 //定义圆周率常数
3 @interface Circle ()
4 //声明扩展属性,注意这里重写了特性标签 readwrite，这将覆盖原有的 readonly 标签
5 @property (nonatomic, readwrite) double radius;
6 @property (nonatomic, readwrite) double area;
```

第 5 章　分类

```
7  //声明扩展方法
8  -(void) calculateArea;
9  @end
10 @implementation Circle
11 - (void)calculateArea
12 {
13     //在实现文件内部，area 属性为 readwrite 型属性，所以能够赋值
14     self.area = PI * self.radius * self.radius;
15 }
16 - (void) makeCircle:(double)r
17 {
18     self.radius = r;
19     [self calculateArea]; //调用在实现文件中声明及定义的 calculateArea 方法
20 }
21 @end
```

在例 5-19 中，第 3~9 行代码是对 Circle 类的扩展，它定义了两个属性和一个方法，其中，radius 和 area 属性被设置为了读写属性，calculateArea 方法用于计算圆的面积。

（4）在 main.m 文件中，调用 Circle 类的 makeCircle 方法，并且将返回结果输出。具体实现方式如例 5-20 所示。

例 5-20　main.m

```
1 #import<Foundation/Foundation.h>
2 #import "Circle.h"
3 int main(int argc, const char * argv[])
4 {
5     Circle *c = [[Circle alloc] init];
6     [c makeCircle:1];
7     NSLog(@"圆的面积为:%lf", c.area);
8     return 0;
9 }
```

（5）运行程序，结果如图 5-9 所示。

```
2014-09-22 15:18:29.350 05-分类[2718:303] 圆的面积为3.141593
Program ended with exit code: 0

All Output ‡
```

图 5-9　例 5-20 运行结果

从图 5-9 中可以看出，程序正确输出了圆的面积，由此可见，使用类扩展确实可以将只读权限修改为可读写权限。

➲ 注意：

使用类扩展定义的属性和方法，只能在本类中使用。

5.4 本章小结

本章主要介绍了 Objective-C 中另一种对原有的类进行扩展的机制——分类(Category)。通过本章的学习，大家应该掌握什么是分类、如何创建分类、扩充系统自带类以及对类进行扩展。同时，也应该明确区分继承、分类与类扩展三者之间的区别和联系。

第 6 章
协议与代理

📖 **学习目标**

■ 了解协议的概念

■ 掌握声明和遵守协议

■ 掌握代理设计模式

当定义类时，经常需要定义一些方法来描述类的行为。但有时候这些方法需要被多个类所共享，其具体的实现方式也是无法确定的，这时，可以通过协议（protocol）来实现。OC 中协议的功能类似于 C++ 中的多重继承，或 Java 中的接口，它可以声明一系列方法，但这些方法可以被任何类实现。协议最常见的用途就是实现代理模式，本章将针对协议和代理进行详细讲解。

6.1 协议概述

6.1.1 什么是协议

协议是一系列方法的声明列表，只要某个类遵守了这个协议，那么这个类就拥有了协议中所有的方法声明。换句话说，协议只是负责声明对象需要的方法，而这些方法的具体实现与协议无关。声明协议的具体语法格式如下：

```
@protocol 协议名称
    方法声明
@end
```

从上述语法格式可以看出，方法的声明位于关键字 @protocol 和 @end 之间，其中 @protocol 关键字表示协议，它后面紧跟的协议名称必须是唯一的。

为了便于大家更好地理解协议的声明，接下来，使用 @protocol 声明一个协议，具体示例如下：

```
@protocol MyProtocol
- (void)eat;
- (void)run;
@end
```

上述示例声明了一个名为 MyProtocol 的协议，该协议声明了两个方法，分别是 eat 和 run。

6.1.2 使用 Xcode 声明协议

Xcode 是开发 OC 程序的一款强大工具，学会使用 Xcode 声明协议是非常重要的。为了帮助大家更好地学习如何使用 Xcode 声明协议，接下来，分步骤进行演示，具体如下。

1. 新建协议

打开 Xcode，创建一个项目"06-协议与代理"，在导航栏中选择【File】→【New】→【File】选项，在弹出的新文件窗口左侧选择【Cocoa】，并在右侧选择【Objective-C protocol】，具体如图 6-1 所示。

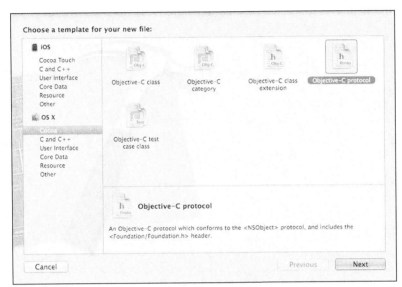

图 6-1　创建协议的界面

2. 填写协议名称

点击图 6-1 所示的【Next】按钮，进入填写协议名称的界面，具体如图 6-2 所示。

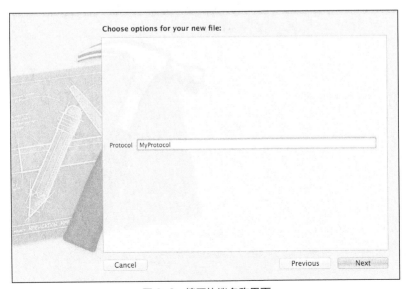

图 6-2　填写协议名称界面

从图 6-2 中可以看出，新建的协议名称为 MyProtocol。

3．保存协议文件

点击图 6-2 所示的【Next】按钮，将创建的协议文件保存到指定文件夹，具体如图 6-3 所示。

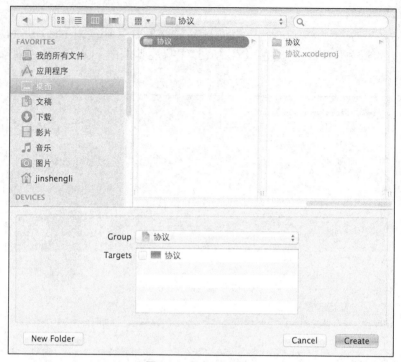

图 6-3　保存协议文件

点击图 6-3 所示的【Create】按钮，完成协议文件的保存，这时，发现左侧导航栏出现了一个名为 MyProtocol.h 的文件，具体如图 6-4 所示。

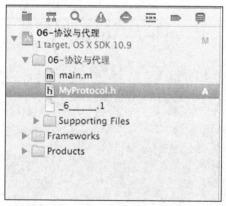

图 6-4　完成协议文件的创建

从图 6-4 中可以看出，协议文件创建成功后，只生成了一个名为 MyProtocol.h 的文件，没有 MyProtocol.m 文件，双击打开 MyProtocol.h 文件，发现里面自动生成了一些代码，具体如下：

```
#import <Foundation/Foundation.h>
```

```
@protocol MyProtocol <NSObject>
@end
```

上述代码中，声明了一个 MyProtocol 协议，该协议后面的<NSObject>表示 MyProtocol 协议遵守 NSObject 协议。NSObject 是 OC 中最基本的协议，几乎所有的协议都需要遵守 NSObject 协议。

6.2 协议的使用

6.2.1 @required 和@optional

协议声明了一组方法，这些方法有些可以选择实现，有些必须实现。OC 提供了两个关键字控制协议中的方法是否实现，具体如下。

● @required：使用这个关键字标记的方法必须要实现，否则编译器会发出警告。

● @optional：使用这个关键字标记的方法不一定要实现。

默认情况下，协议中声明的方法是使用@required 关键字标记的。为了帮助大家更好地理解这两个关键字的作用，接下来，声明一个协议 MyProtocol，具体代码如例 6-1 所示。

例 6-1 MyProtocol.h

```
1 @protocol MyProtocol <NSObject>
2 - (void)eat;
3 @optional
4 - (void)run;
5 @end
```

例 6-1 声明了一个 MyProtocol 协议，该协议中定义了两个方法，其中，eat 方法是必须要实现的，run 方法可以实现，也可以不实现。

⊃ 注意：

@required 和@optional 关键字并没有实际上的约束力。即使程序员在声称支持某协议的类中没有实现协议中标注了必须要实现的方法，编译器也只会提出一个警告，而不会造成编译失败。因此，这两个关键字更多地是作为协议创建人员和协议实现人员之间进行沟通和约定的手段。

6.2.2 遵守协议

要拥有协议中声明的方法，就必须遵守协议。遵守协议的方式比较简单，只需要使用一对尖括号<>将要遵守的协议包含即可。如果某个类遵守的协议有多个，则使用逗号进行分隔。类遵守协议的语法格式如下所示：

```
@interface 类名 : 父类<协议名称,协议名称2,……>
@end
```

为了帮助大家更好地掌握如何遵守协议，接下来，定义一个 Person 类，该类遵守例 6-1 所示的 MyProtocol 协议，具体代码如例 6-2 所示。

例 6-2 Person.h

```
1 #import <Foundation/Foundation.h>
2 #import "MyProtocol.h"
```

```
3 @interface Person : NSObject <MyProtocol>
4 @end
```

在例6-2中，Person 类遵守了 MyProtocol 协议，说明 Person 类中拥有了 MyProtocol 协议中声明的所有方法。接下来，在 Person.m 文件实现这些方法，具体代码如例6-3所示。

例 6-3　Person.m

```
1 #import "Person.h"
2 @implementation Person
3 - (void)eat
4 {
5     NSLog(@"吃饭...");
6 }
7 - (void)run
8 {
9     NSLog(@"跑步...");
10}
11@end
```

在例 6-3 中，Person 类对 MyProtocol 协议中声明的方法进行了具体实现，接下来，在 main.m 文件中调用这些方法，具体代码如例6-4所示。

例 6-4　main.m

```
1 #import <Foundation/Foundation.h>
2 #import "Person.h"
3 int main(int argc, const char * argv[])
4 {
5     @autoreleasepool {
6         Person *p = [[Person alloc] init];
7         [p eat];
8         [p run];
9     }
10     return 0;
11}
```

运行结果如图6-5所示。

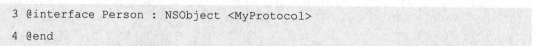

图 6-5　例 6-4 运行结果

从图 6-5 中可以看出，程序输出了 eat 和 run 方法中的信息。由此可见，遵守协议就能获得协议中的方法声明。

➲ **注意：**

（1）如果不想在公开的.h 文件中声明协议，可以将协议像分类或类扩展一样写在.m 文件中，具体示例如下：

```
@interface Person()<MyProtocol>
//扩展属性和方法
@end
@implementation
// 方法的具体实现
@end
```

需要注意的是，由于类扩展的隐藏性，Person 类遵守 MyProtocol 协议同样对外隐藏。

（2）一个协议可以遵守其他协议，多个协议直接用逗号隔开，具体示例如下：

```
@protocol DemoProtocol<MyProtocol, NSProtocol>
// 声明的方法
@end
```

上述示例代码中，DemoProtocol 协议遵守了 MyProtocol 和 NSProtocol，这样，DemoProtocol 协议就同时拥有了 MyProtocol 和 NSProtocol 中声明的方法。

6.3 代理

在 OC 开发中，代理是一种经常使用的设计模式，这种模式用于程序中的一个对象"代表"另外一个对象和其他对象进行交互。使用代理可以使每个类的功能更加清晰，编程更加简洁。接下来，本节将针对代理进行详细讲解。

6.3.1 为什么需要代理

顾名思义，代理就是某些事情自己不能亲自完成，需要找其他人帮忙，即交给代理对象去做。例如，领导要出差，他没有时间购买机票，就把买票的事情委托给了助理，助理需要做的事包括询问票价和票的剩余张数。这时，助理就是一个代理对象，他用于完成领导委托给他的事情。接下来，通过一个案例来模拟实现助理买票的功能，具体步骤如下。

（1）创建一个表示助理的类 Assistant，在该类中定义两个方法，分别是 leftTicketsNumber 和 ticketPrice，其中，leftTicketsNumber 表示查询票的剩余张数，ticketPrice 表示查询的票价。Assistant 类的声明和实现如例 6-5 和例 6-6 所示。

例 6-5 Assistant.h

```
1 #import <Foundation/Foundation.h>
2 @interface Assistant : NSObject
3 //查询剩余票数
4 - (int)leftTicketsNumber;
5 //查询票价
6 - (double)ticketPrice;
7 @end
```

例 6-6　Assistant.m

```
1 #import "Assistant.h"
2 @implementation Assistant
3 //假设查询结果是机票剩余 1 张，票价为 1000 元。
4 - (int)leftTicketsNumber
5 {
6     return 1;
7 }
8 - (double)ticketPrice
9 {
10    return 1000;
11}
12@end
```

从例 6-5 和例 6-6 中可以看出，Assistant 类中的 leftTicketsNumber 方法返回值为 1，ticketPrice 方法返回的值为 1000。

（2）创建一个表示领导的类 Leader，该类拥有一个表示助理的属性和一个买票的行为，具体代码如例 6-7 和例 6-8 所示。

例 6-7　Leader.h

```
1 #import <Foundation/Foundation.h>
2 @class Assistant;
3 @interface Leader : NSObject
4 //买机票
5 - (void)buyTicket;
6 //表示助理的属性
7 @property (nonatomic,strong) Assistant *delegate;
8 @end
```

例 6-8　Leader.m

```
1 #import "Leader.h"
2 #import "Assistant.h"
3 @implementation Leader
4 - (void)buyTicket
5 {
6     //让助理去实现查询剩余票数，票价
7     int num = [_delegate leftTicketsNumber];
8     double price = [_delegate ticketPrice];
9     NSLog(@"通过助理的帮助，机票剩余%d 张，每张价格为%.2f 元。",num,price);
10}
```

11@end

从例 6-8 可以看出，Leader 类中的 buyTicket 方法通过调用 Assistant 类的方法，实现了购买机票的功能。

（3）在 main.m 文件中，调用 Leader 类中的 buyTicket 方法实现购票功能，具体代码如例 6-9 所示。

例 6-9　main.m

```
1 #import <Foundation/Foundation.h>
2 #import "Leader.h"
3 #import "Assistant.h"
4 int main(int argc, const char * argv[])
5 {
6     @autoreleasepool {
7         //创建一个表示领导的对象
8         Leader *leader = [[Leader alloc] init];
9         //创建一个表示助手的对象
10         Assistant *assistant = [[Assistant alloc] init];
11         //设置助手为领导的代理
12         leader.delegate = assistant;
13         //领导买票
14         [leader buyTicket];
15     }
16     return 0;
17}
```

在例 6-9 中，程序首先创建了 Leader 和 Assistant 两个对象，然后通过代码 leader.delegate = assistant，将 assistant 对象设置为 leader 对象的代理，最后通过调用 leader 对象的 buyTicket 方法，获取到 leftTicketsNumber 和 ticketPrice 方法中返回的剩余票数和票价。

（4）运行程序，结果如图 6-6 所示。

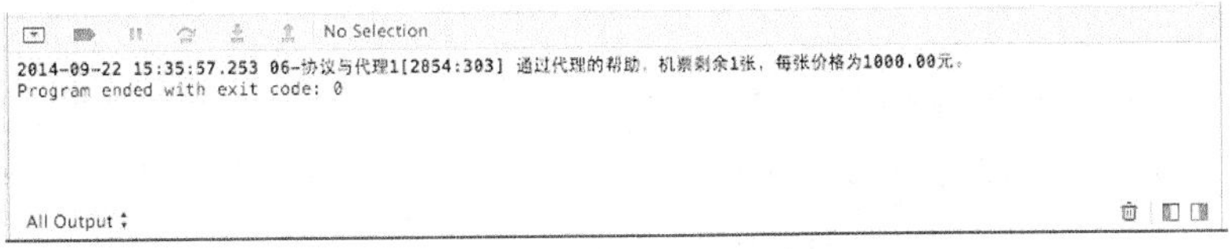

图 6-6　例 6-9 运行结果

从图 6-6 中可以看出，程序输出了机票的剩余张数及其价格。但是，如果不再用 Assistant 做代理，而是用 NextAssistant，那么需要创建 NextAssistant 类，并将 Assistant 中的代码重新编写一次，这样做是非常麻烦的。

针对上述情况，OC 通常会使用协议来实现代理，即把协议当作用户和代理中间的"中转站"，在协议中定义一些和代理沟通的方法。这样，让代理对象遵守协议，不仅可以简化对象行为，而且可以降低程序的耦合度。在接下来的小节中，将针对代理的实现进行详细讲解。

6.3.2 如何实现代理

通过上个小节的学习，我们知道代理需要通过遵守协议来实现。为了帮助大家更好地理解如何实现代理，接下来，同样以购票为例，分步骤讲解如何使用协议实现代理，具体如下。

（1）声明一个 TicketDelegate 协议，该协议遵循 NSObject 协议，包含了查询剩余票数和票价的方法声明，具体代码如例 6-10 所示。

例 6-10　TicketDelegate.h

```
1 #import <Foundation/Foundation.h>
2 //声明协议
3 @protocol TicketDelegate<NSObject>
4 - (int)leftTicketsNumber;// 声明剩余票数的方法
5 - (double)ticketPrice;    // 声明票价的方法
6 @end
```

（2）定义一个 Leader 类，该类指定了代理对象，具体代码如例 6-11 和例 6-12 所示。

例 6-11　Leader.h

```
1 #import <Foundation/Foundation.h>
2 #import "TicketDelegate.h"
3 @interface Leader : NSObject
4 //Leader 是委托方，它委托代理方实现一个功能：买机票
5 - (void)buyTicket;
6 //于是，Leader 声明一个属性 delegate,这个属性是它的代理方（遵守了协议）
7 @property (nonatomic,weak) id<TicketDelegate>delegate;
8 @end
```

例 6-12　Leader.m

```
1 #import "Leader.h"
2 @implementation Leader
3 - (void)buyTicket
4 {
5     //让代理去实现查询剩余票数，票价
6     int num = [_delegate leftTicketsNumber];
7     double price = [_delegate ticketPrice];
8     NSLog(@"通过代理的帮助，机票剩余%d 张，每张价格为%.2f 元。",num,price);
9 }
10@end
```

在例 6-11 中，声明了一个 delegate 属性，该属性为 id 类型，表示任何遵守 TicketDelegate 协议的对象都可以作为 Leader 的代理。

（3）定义一个 NextAssistant 类，该类遵循了 TicketDelegate 协议，并将作为代理对象实现查询剩余票数和票价的功能，NextAssistant 类的声明和实现代码如例 6-13 和例 6-14 所示。

94

例 6-13　NextAssistant.h

```
1 #import <Foundation/Foundation.h>
2 #import "TicketDelegate.h"
3 @interface NextAssistant : NSObject<TicketDelegate>
4 @end
```

例 6-14　NextAssistant.m

```
1 #import "NextAssistant.h"
2 @implementation NextAssistant
3 //遵守了协议，就可以实现协议中的方法：查询剩余票数，票价
4 - (int)leftTicketsNumber
5 {
6    return 10;
7 }
8 - (double)ticketPrice
9 {
10    return 500;
11}
12@end
```

在例 6-14 中，由于 NextAssistant 类遵守了 TicketDelegate 协议，因此需要实现 TicketDelegate 协议中的 leftTicketsNumber 和 ticketPrice 方法。

（4）在 main 文件中，创建 NextAssistant 对象，将其设置为 Leader 对象的代理，并通过调用 buyTicket 方法实现购票功能，具体代码如例 6-15 所示。

例 6-15　main.m

```
1 #import <Foundation/Foundation.h>
2 #import "Leader.h"
3 #import "NextAssistant.h"
4 int main(int argc, const char * argv[])
5 {
6    @autoreleasepool {
7        Leader *leader = [[Leader alloc] init]; //创建 leader 对象
8        //创建代理对象
9        NextAssistant *nextAssistant = [[NextAssistant alloc] init];
10        //设置助手为领导的代理
11        leader.delegate = nextAssistant;
12        //领导买票
13        [leader buyTicket];
14    }
```

```
15    return 0;
16}
```

（5）运行程序，结果如图 6-7 所示。

图 6-7　例 6-15 运行结果

从图 6-7 中可以看出，Leader 对象成功获取到了剩余票数和票价。这时，如果希望另外一个代理实现查询票价和剩余票数的功能，只需要遵循 TicketDelegate 协议即可。由此可见，使用代理不仅可以实现本身想要的功能，而且可以减小程序的耦合度，提高程序执行效率。

6.4　本章小结

本章首先针对协议进行了讲解，包括什么是协议，使用 Xcode 声明协议以及如何遵守协议，然后讲解了代理设计模式的使用。通过本章的学习，大家应该熟练使用协议，并且学会使用协议实现代理，真正理解协议在实际开发中的重要作用。

PART 7

第 7 章
Foundation 框架

📖 **学习目标**

- 学会查看 Foundation 文档
- 掌握字符串的创建，学会字符串的判断、比较、转换等操作
- 掌握数组的创建，学会数组的获取、增加、删除和修改操作
- 掌握字典的创建，学会字典的获取，增加和删除操作
- 掌握数字对象的创建，学会数字对象和基本类型之间的转换

开发 OC 程序时，主要会用到两个框架，分别是 Foundation 和 ApplicationKit（或 UIKit），其中，Foundation 框架是 Mac OS X/iOS 平台下其他框架的基础，它定义了一些基础类，这些类都以 NS 作为前缀，例如字符串、数组、字典和数字等。而 ApplicationKit（或 UIKit）主要是一些用户界面的设计类。本章将针对 Foundation 框架中常见的基础类进行详细讲解。

7.1 Foundation 文档

Foundation 文档包含了 Foundation 框架中所有类，以及对类的方法和函数的详细描述。Foundation 文档可以帮助开发者快速地学习 Foundation 框架。要想学好 Foundation 框架，首先得学会查看 Foundation 文档。访问 Foundation 文档的方式有很多种，具体如下。

1．通过在线参考库访问 Foundation 文档

在线查看 Foundation 文档的方式比较简单。在浏览器中输入地址 http://developer.apple.com/library/mac/navigation/index.html 访问 MAC OS X 在线参考库，会发现里面有很多各种各样的文档，这时，选中【Mac Developer Library】→【Frameworks】→【Core Services Layer】→【Foundation】选项，就会进入 Foundation 文档，具体如图 7-1 所示。

从图 7-1 中可以看出，Foundation 文档中提供了许多类，这些类大多数以 NS 开头。这时，我们可以在搜索框中输入想要查询的类或方法，轻松了解相关类和方法的概要简介。

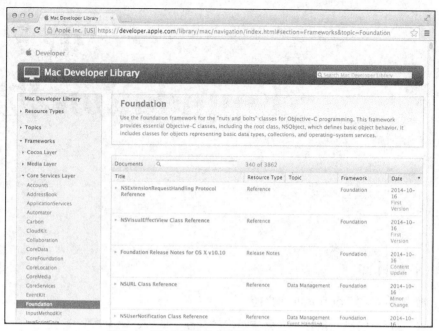

图 7-1　通过在线参考库访问 Foundation 文档

2. 通过 Xcode 导航栏访问 Foundation 文档

打开 Xcode 工具，在屏幕最上方的 Xcode 导航栏中点击【Help】→【Documentation And API Reference】，可以访问到文档窗口的主界面。通过这个窗口，可以轻松搜索和访问存储在计算机本地或在线的文档，例如，在 Xcode 文档窗口中搜索字符串 NSString 的界面如图 7-2 所示。

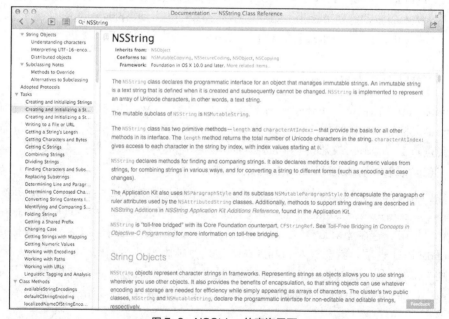

图 7-2　NSString 的查询界面

3. 通过 Xcode 代码编辑器快速访问 Foundation 文档

如果正在 Xcode 编辑 OC 代码，并且想要快速访问某个特定的头文件、方法或类，可以将光标定位到需要搜索的类、方法或变量上，按住【Option】键，同时单击，这时会看到所选择内容的简介，例如，查看 NSString 的结果如图 7-3 所示。

图 7-3　通过源代码快速访问 Foundation 文档

当然，也可以让快速帮助面板一直显示，在程序中输入或选中某项时，如果选择【View】→【Utilities】→【Show Quick Help Inspector】，面板中的内容会自动更新，如图 7-4 所示。

图 7-4　通过 Quick Help 面板访问 Foundation 文档

以上是对 Foundation 文档访问方式的简要介绍，Foundation 文档中包含的类、方法、函数非常多，在此不可能逐一讲解，在接下来的小节中，将针对 Foundation 框架中的一些常见类进行详细讲解。

7.2　字符串对象

在 OC 中，经常会用到字符串，与 C 语言中字符串的表示方式不同，OC 中的字符串使用@+"字符串"方式表示的,例如,@"HelloWorld"就是一个字符串对象。在 OC 中,提供了两个操作字符串的类,分别是 NSString 类和 NSMutableString 类,其中,使用 NSString 类表示的字符串被称为不可变字符串,使用 NSMutableString 类表示的字符串被称为可变字符串。本节将针对这两种字符串类型进行详细讲解。

7.2.1 NSString 类的初始化

在操作 NSString 对象之前,首先需要对 NSString 类初始化。在 OC 中可以通过两种方式对 NSString 类进行初始化,具体如下。

1. 使用字符串常量直接初始化一个 NSString 对象,具体示例如下:

```
NSString *s1 = @"Welcome to itcast";
```

由于 NSString 类比较常用,所以提供了这种简化的语法,用于创建并初始化 NSString 对象,其中,@"Welcome to itcast"是一个字符串常量。在 OC 中,以"@"符号表示具有特殊含义,在"@"后紧跟双引号即代表一个字符串。

2. 使用 NSString 类提供的方法对 NSString 对象进行初始化,NSString 类中常见的初始化字符串的方法如表 7-1 所示。

表 7-1　NSString 类初始化字符串的常用方法

方法声明	功能描述
+ (instancetype)string	创建一个空的字符串
− (instancetype)initWithFormat:(NSString *) format	这是一个对象方法,通过传入一个给定格式的字符串作为参数,来初始化一个字符串对象
+ (instancetype)stringWithFormat:(NSString *) format	这是一个类方法,通过传入一个给定格式的字符串作为参数,来初始化一个字符串对象

表 7-1 列举了 NSString 类用于初始化字符串的三种方法,使用这些方法创建的字符串各有特点,接下来,通过一个案例来演示如何使用 NSString 类提供的方法创建字符串,如例 7-1 所示。

例 7-1　main.m

```
1 #import <Foundation/Foundation.h>
2 int main(int argc, const char * argv[])
3 {
4     int year = 8;
5     NSString *s0 = @"Welcome to itcast";
6     NSString *s1 = [NSString  string];
7     NSString *s2= [[NSString alloc] initWithFormat:@"itcast have
8                 been %d years of history", year];
9     NSString *s3 = [NSString stringWithFormat:@"itcast have
10                been %d years of history",  year];
11    NSLog(@"s0:%@",s0);
12    NSLog(@"s1:%@",s1);
```

```
13    NSLog(@"s2:%@",s2);
14    NSLog(@"s3:%@",s3);
15    return 0;
16}
```

运行结果如图 7-5 所示。

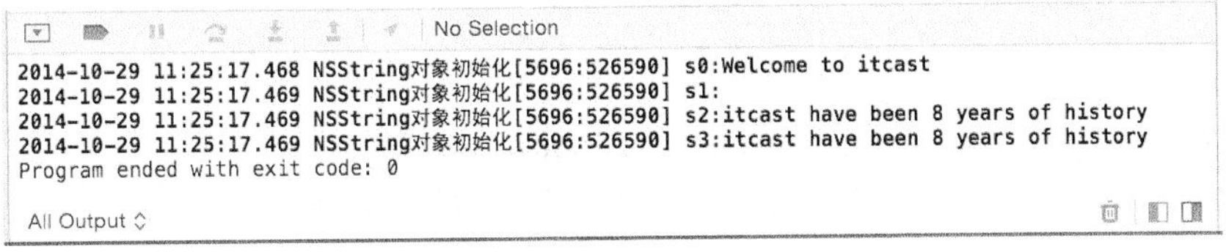

```
2014-10-29 11:25:17.468 NSString对象初始化[5696:526590] s0:Welcome to itcast
2014-10-29 11:25:17.469 NSString对象初始化[5696:526590] s1:
2014-10-29 11:25:17.469 NSString对象初始化[5696:526590] s2:itcast have been 8 years of history
2014-10-29 11:25:17.469 NSString对象初始化[5696:526590] s3:itcast have been 8 years of history
Program ended with exit code: 0
```

All Output ◇

图 7-5　例 7-1 运行结果

在例 7-1 中，第 5 行代码使用字符串常量创建了字符串 s0，使用这种方式创建字符串的方式是最简单的。第 6 行代码使用类方法 string 创建了空字符串是 s1；第 7~8 行代码使用对象方法 initWithFormat 动态创建了字符串 s2；第 9~10 行代码使用类方法 StringWithFormat 创建了字符串 s3。从图 7-5 中可以看出，字符串 s1 是一个空字符串，而字符串 s0、s2、s3 都输出了字符。

☞多学一招：C 和 OC 字符串互转

OC 是在 C 的基础上创建的一门语言，有时 C 和 OC 的代码可以出现在一个程序中，但 C 语言和 OC 语言中的字符串表达是不一样的，这时就需要对它们进行转换，NSString 类也提供了相应的方法，具体如表 7-2 所示。

表 7-2　C 和 OC 字符串互转的方法

方法声明	功能描述
－ (instancetype)initWithUTF8String:(const char *)nullTerminatedCString	将 UTF8 类型的 C 语言字符串，转为 OC 类型的字符串
－ (_ _strong const char *)UTF8String	将 OC 类型的字符串转换为 UIT8 的 C 语言字符串

表 7-2 中的两种方法是 C 和 OC 字符串互转方法，接下来通过一个案例来进行这两种语言之间的互换，如例 7-2 所示。

例 7-2　main.m

```
1 #import <Foundation/Foundation.h>
2 int main(int argc, const char * argv[])
3 {
4     // C 字符串 --> OC 字符串
5     NSString *s1 = [[NSString alloc] initWithUTF8String:"jack"];
6     NSLog(@"s1=%@",s1);
7     const char *cs = [s1 UTF8String]; // OC 字符串 --> C 字符串
8     NSLog(@"cs=%s",cs);
```

```
9     return 0;
10}
```

运行结果如图 7-6 所示。

```
☑ ▥ ▮▮ ⏸ ⏬ ⏫ ▾  No Selection
2014-11-03 10:53:29.775 字符串转换操作[797:303] s1=jack
2014-11-03 10:53:29.778 字符串转换操作[797:303] cs=jack
Program ended with exit code: 0
All Output :                                                        ▤ ▯▯ ▣
```

图 7-6　例 7-2 运行结果

在例 7-2 中，第 5 行代码通过 initWithUTF8String 方法把 C 语言字符串"jack"转成 OC 的字符串；第 7 行代码通过调用 UTF8String 方法将 s1 字符串转化为 C 字符串。

7.2.2　NSString 类的常见操作

NSString 类在实际开发中的应用非常广泛，灵活地使用 NSString 类操作字符串是非常重要的。表 7-3 列举了 NSString 类操作字符串的一些常用方法。

表 7-3　使用 NSString 类操作字符串的常见方法

方法声明	功能描述
– (NSUInteger) length	用于获取字符串中的字符个数
– (unichar)characterAtIndex:(NSUInteger)index	获取字符串中指定位置的字符
– (NSString *)uppercaseString	返回转换为大写的字符串
– (NSString *)capitalizedString	返回每个单词首字母大写，其它字母小写的字符串
– (NSString *)lowercaseString	返回转为小写的字符串
– (BOOL)isEqualToString:(NSString *)aString	判断两个字符串是否相等
– (BOOL)hasPrefix:(NSString *)aString	判断字符串是否以某个字符串开始
– (BOOL)hasSuffix:(NSString *)aString	判断字符串是否以某个字符串结尾
– (NSComparisonResult)compare:(NSString *)string	比较两个字符串内容是否相等
– (NSComparisonResult)caseInsensitiveCompare:(NSString *)string	用于比较两个字符串，忽略大小写
– (NSRange)rangeOfString:(NSString *)aString	查找指定子字符串在一个字符串中第一次出现的位置和长度
– (NSString*)substringWithRange:(NSRange)range	截取一个字符串中指定位置和长度的子字符串
– (NSString*)substringToIndex:(NSUInteger)to	从字符串的开头到指定位置截取子字符串，但不包含该位置的字符
– (NSString*)substringFromIndex:(NSUInteger)from	截取字符串指定位置后的全部所有字符
– (int)intValue	返回一个整数字符串的整数值

方法声明	功能描述
－ (double)doubleValue	返回一个双浮点字符串的双浮点值
－ (NSString*)substringWithRange:(NSRange)range	从字符串的任何位置截取指定长度的子字符串

表 7-3 列出了 NSString 类的一些常用操作字符串方法，其中有些方法比较难以理解。为了使初学者能够尽快地掌握这些方法，接下来通过几个案例来学习 NSString 类的一些常见操作。

1．字符串的基本操作

程序开发中，经常需要对字符串进行一些基本操作，如获取字符串的长度、遍历字符串中的元素、获取字符串指定位置的字符等。针对这种情况，NSString 类提供了相应的方法，比如，length 方法可以获取字符串的长度，characterAtIndex 方法可以获取字符串中指定位置的字符。接下来通过一个案例来学习这些方法的使用，如例 7-3 所示。

例 7-3　main.m

```
1  #import<Foundation/Foundation.h>
2  int main(int argc, const char * argv[])
3  {
4      NSString *str = @"itcast";
5      NSUInteger strCount = [str length];   // 获取当前字符串的长度
6      NSLog(@"字符串的长度是%lu",strCount);
7      for (int i = 0; i<strCount; i++) {
8          char c = [str characterAtIndex:i]; //获取当前位置字符串的字符
9          NSLog(@"字符串第%d 位为%c",i,c);
10     }
11     return 0;
12 }
```

运行结果如图 7-7 所示。

```
▼  ▶  ⌁  ⌕  ⌃  ⌃  ✐   No Selection
2014-10-29 17:08:39.734 NSString类常见操作[496:10089] 字符串的长度是6
2014-10-29 17:08:39.735 NSString类常见操作[496:10089] 字符串第0位为i
2014-10-29 17:08:39.735 NSString类常见操作[496:10089] 字符串第1位为t
2014-10-29 17:08:39.735 NSString类常见操作[496:10089] 字符串第2位为c
2014-10-29 17:08:39.735 NSString类常见操作[496:10089] 字符串第3位为a
2014-10-29 17:08:39.735 NSString类常见操作[496:10089] 字符串第4位为s
2014-10-29 17:08:39.735 NSString类常见操作[496:10089] 字符串第5位为t
Program ended with exit code: 0
All Output ◇                                          🗑  ▯▮ ▮▯
```

图 7-7　例 7-3 运行结果

在例 7-3 中，第 4 行代码创建了一个 "itcast" 的字符串，并在代码第 5 行调用 length 方法获取到当前字符串的长度，第 7～10 行代码通过调用 CharacterAtIndex 方法来对每个位置上的字符进行遍历，并且打印输出。从图 7-7 中可以看出，字符串的长度为 6，并且字符串中的所有字符都被打印输出了。

2.字符串的转换操作

程序开发中，有时需要对字符串中字符大小写进行转换，为此，NSString 提供了字符串转换操作的方法。例如，uppercaseString 方法用于将字符串中所有的字符转换成大写，lowercaseString 方法用于将字符串中所有的字符转成小写，capitalizedString 方法用于将字符串中每个单词的首字符转为大写。接下来，通过一个案例来演示这些方法的使用，具体如例 7-4 所示。

例 7-4　main.m

```
1 #import<Foundation/Foundation.h>
2 int main(int argc, constchar * argv[])
3 {
4     NSString *str1 = @"WElCOME to itcast";
5     NSLog(@"str1:%@",[str1 uppercaseString]);    //字符串全部转化为大写
6     NSLog(@"str1:%@",[str1 lowercaseString]);    //字符串全部转化为小写
7     NSLog(@"str1:%@",[str1 capitalizedString]); //转化为每个词首字母大写
8     return0;
9 }
```

运行结果如图 7-8 所示。

```
           No Selection
2014-10-29 18:50:35.859 NSString类常见操作[811:43330] str1:WELCOME TO ITCAST
2014-10-29 18:50:35.860 NSString类常见操作[811:43330] str1:welcome to itcast
2014-10-29 18:50:35.860 NSString类常见操作[811:43330] str1:Welcome To Itcast
Program ended with exit code: 0

All Output ◇
```

图 7-8　例 7-4 运行结果

例 7-4 中，第 4 行代码使用 NSString 类创建了一个字符串 str1，第 5~7 行代码分别使用 NSString 类的不同方法，依次将字符串 str1 中的所有字符分别转为大写、小写和每个单词首字母大写并输出。从图 7-8 中可以看出，程序正确输出了字符串 str1 转换后的字符串。

3.字符串的判断操作

在操作字符串时，有时需要对字符串进行一些判断操作，为此，NSString 类提供了相应的方法。例如，isEqualToString 方法可以判断两个字符串内容是否相等，hasPrefix 方法可以判断一个字符串是否是以另一个字符串开头，hasSuffix 方法可以判断某个字符串是否是以另一个字符串结尾等。接下来通过一个案例来学习这些方法的使用，如例 7-5 所示。

例 7-5　main.m

```
1 #import<Foundation/Foundation.h>
2 int main(int argc, const char * argv[])
3 {
4     NSString *str1 = @"传智播客 itcast";
5     NSString *str2 = @"传智 itcast";
6     //字符串完全相等比较
7     BOOL  result= [str1 isEqualToString:str2];
```

```
8      NSLog(@"%d",result);
9      //判断一个字符串是否以另一个字符串开头
10     BOOL result2=[str1 hasPrefix:@"传智播客"];
11     NSLog(@"%d",result2);
12     //判断一个字符串是否以另一个字符串结尾
13     BOOL result3=[str1 hasSuffix:@"itcast"];
14     NSLog(@"%d",result3);
15     return 0;
16}
```

运行结果如图 7-9 所示。

```
⊡ ▶ Ⅱ ⊡ ⊥ ⊥ ⊲   No Selection
2014-10-24 14:45:27.098 字符串的比较[1498:303] 0
2014-10-24 14:45:27.100 字符串的比较[1498:303] 1
2014-10-24 14:45:27.101 字符串的比较[1498:303] 1
Program ended with exit code: 0
All Output ⌄
```

图 7-9　例 7-5 运行结果

在例 7-5 中，第 4~5 行代码分别创建了字符串 str1 和 str2，第 7 行代码通过使用方法 isEqualToString 比较这两个字符串的内容是否完全相等，该方法是通过对两个字符串中的字符逐个地进行比较 ASCII 值，来判断它们的大小。第 10 行代码是通过 hasPrefix 方法判断字符串 str1 是否是以"传智播客"开头，第 13 行代码通过 hasSuffix 方法判断 str1 是否是以"itcast"结尾。

从图 7-9 中可以看出，第 1 个 NSLog 函数打印输出为 0，说明 str1 和 str2 不相等；第 2 个 NSLog 函数打印输出为 1，说明字符串 str1 是以字符串"传智播客"开头；第 3 个 NSLog 函数打印输出为 1，说明字符串 str1 是以字符串"itcast"结尾。

4．字符串的比较操作

在程序开发中，经常需要对两个字符串进行比较操作，为此，NSString 类提供了比较字符串的相关方法。例如，compare 和 caseInsensitiveCompare 方法都用于比较字符串的内容是否相等。不同的是，使用 compare 方法比较时，字符串是区分大小写的；而 caseInsensitiveCompare 方法比较的字符串不区分大小写。接下来就用一个案例学习这两个方法的使用，如例 7-6 所示。

例 7-6　main.m

```
1 #import<Foundation/Foundation.h>
2 int main(int argc, const char * argv[])
3 {
4     NSString *str1 = @"WElCOME to itcast";
5     NSString *str2 = @"welcome to itcast";
6     BOOL result1 = [str1 caseInsensitiveCompare:str2];
7     NSLog(@"%d",result1);
8     BOOL result2 = [str1 compare:str2];
9     NSLog(@"%d",result2);
```

```
10return 0;
11}
```

运行结果如图 7-10 所示。

```
▼  ▶  ‖  ⟳  ↓  ↑  ⟋      No Selection
2014-10-30 16:54:27.514 NSString类常见操作[2817:303735] 0
2014-10-30 16:54:27.515 NSString类常见操作[2817:303735] -1
Program ended with exit code: 0

All Output ◇                                    🗑  ▯▮ ▮▯
```

图 7-10 例 7-6 运行结果

例 7-6 中，第 4、5 行代码分别创建了两个字符串 str1 和 str2，第 6 行和第 8 行代码分别使用 caseInsensitiveCompare 和 compare 方法比较字符串的内容是否相等。从图 7-10 中可以看出，字符串比较的结果一个是 0，一个是-1，这是因为 caseInsensitiveCompare 和 compare 方法的返回值类型是 NSComparisonResult，它是枚举类型，其定义方式如下所示：

```
enum
{
        NSOrderedAscending = -1L,
        NSOrderedSame,
        NSOrderedDescending
};
```

从上述代码可以看出，NSComparisonResult 共包含三个值，当比较结果的值为 NSOrderedAscending 时，程序会输出-1，表示比较的字符串小于被比较的字符串；当比较结果的值为 NSOrderedSame 时，程序会输出 0，表示两个字符串内容完全相等；当比较结果的值为 NSOrderedDescending 时，程序会输出 1，表示比较的字符串大于被比较的字符串。

5．字符串的查找操作

在程序开发中，经常需要在某个字符串中查找指定的字符或子字符串，这时，可以使用 NSString 类提供的 rangeOfString 方法。接下来通过一个案例来学习如何使用 rangeOfString 方法进行字符串的查找操作，如例 7-7 所示。

例 7-7 main.m

```
1 #import <Foundation/Foundation.h>
2 int main(int argc, const char * argv[])
3 {
4     NSString *str1 = @"传智播客 itcast";
5     NSString *str2 = @"传智";
6     NSString *str3 = @"itcast";
7     //判断 str2 在 str1 中的位置
8     NSRange range1 = [str1 rangeOfString:str2];
9     NSUInteger location1 = range1.location; //获取 str2 在 str1 中范围的位置
10    NSUInteger length1 = range1.length;   //获取 str2 在 str1 中范围的长度
11    //打印输出 str2 的范围
```

```
12    if (location1 != NSNotFound)    //如果 Location1 能找到
13    {
14        NSLog(@"传智出现的位置是%lu,符合长度为%lu", location1,length1);
15    }
16    else NSLog(@"找不到传智");
17    //判断 str3 在 str1 中的位置
18    NSRange range2 = [str1 rangeOfString:str3];
19    NSUInteger location2 = range2.location;  //获取 str3 在 str1 中范围的位置
20    NSUInteger length2 = range2.length;  //获取 str3 在 str1 中范围的长度
21    //打印输出 str3 的范围
22    if (location2 != NSNotFound)    /如果 Location2 能找到
23    {
24        NSLog(@"itcast 出现的位置是%lu,符合长度为%lu", location2,length2);
25    }
26    else NSLog(@"找不到"itcast");
27    return 0;
28}
```

运行结果如图 7-11 所示。

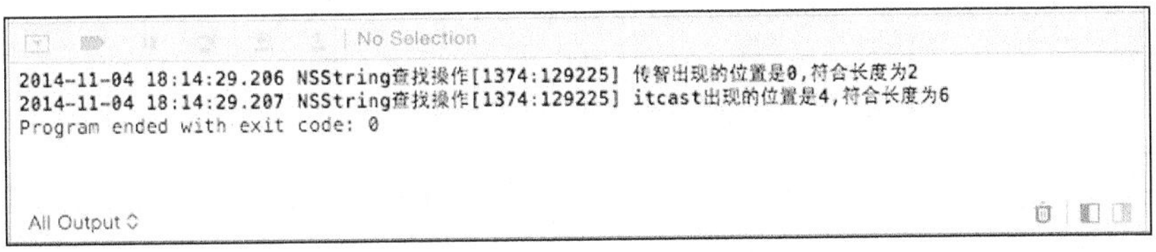

图 7-11 例 7-7 运行结果

例 7-7 中，第 4~6 行代码创建了三个字符串，分别是 str1、str2、str3，第 8 行代码通过调用 rangeOfString 方法在字符串 str1 中查找 str2。第 9~10 行代码分别获取了 str2 在 str1 的范围中的具体位置和长度，第 12~16 行代码对 str2 位置进行判断后，对结果进行打印。同样，第 18 行代码通过调用 rangeOfString 方法在字符串 str1 中查找 str3，第 19~20 行代码分别获取了 str3 在 str1 的范围中的具体位置和长度，第 22~26 行代码对 str3 位置进行判断后，对结果进行打印。从图 7-11 中可以看出，字符串"传智"和"itcast"在字符串"传智播客 itcast"中的具体位置和长度。

需要注意的是，rangeOfString 方法的返回值是 NSRange 类型的，它是一个结构体类型名称，用来表示事物的一个范围,通常是字符串里的字符范围或者数组里的元素范围。其定义方式如下所示：

```
typedef struct _NSRange
{
  NSUInteger location;
  NSUInteger length;
} NSRange;
```

在上述代码中，变量 location 和 length 都属于 NSRange 类型的成员，它们的数据类型都是 NSUInteger。location 表示在范围中的起始位置，length 则代表范围内的长度。假如在一个集合内没有找到有某个元素，则返回的 NSRange 结构体中的值将是 Foudation 框架中已定义好的常数 NSNotFound。

6. 字符串的截取操作

在程序开发中，经常需要获取字符串中指定位置的字符或子字符串，为此，NSString 类提供了相应的方法来实现字符串的截取操作。例如，substringToIndex 方法用于截取字符串从开头到指定位置的子字符串，substringFromIndex 方法用于截取指定位置后到末尾的子字符串，substringWithRange 方法可以从任何位置截取指定长度的子字符串。接下来通过一个案例来学习这些方法的使用，如例 7-8 所示。

例 7-8　main.m

```
1  #import <Foundation/Foundation.h>
2  int main(int argc, const char * argv[])
3  {
4      NSString *str1 = @"itcast is best";
5      //从字符串的开头一直截取到指定的位置，但不包括该位置的字符
6      NSString *str2 = [str1 substringToIndex:3];
7      NSLog(@"str2:%@",str2);
8      //截取指定位置开始（包括指定位置的字符），并包括之后的全部字符
9      NSString *str3 = [str1  substringFromIndex:3];
10     NSLog(@"str3:%@",str3);
11     //按照所给出的位置，长度，任意地从字符串中截取子串
12     NSString *str4 = [str1 substringWithRange:NSMakeRange(0, 4)];
13     NSLog(@"str4:%@",str4);
14     return 0;
15 }
```

运行结果如图 7-12 所示。

```
2014-11-02 22:19:14.973 字符串的截取[1081:90395] str2:itc
2014-11-02 22:19:14.974 字符串的截取[1081:90395] str3:ast is best
2014-11-02 22:19:14.974 字符串的截取[1081:90395] str4:itca
Program ended with exit code: 0

All Output ◇
```

图 7-12　例 7-8 运行结果

例 7-8 中，第 4 行代码创建了字符串 str1；第 6 行代码通过调用 substringToIndex 方法截取字符串 str1 的前 3 个字符；第 9 行代码通过调用 substringFromIndex 方法，截取字符串 str1 第 3 个字符后的所有字符；第 12 行代码通过 substringWithRange 方法，从字符串 str1 的第 0 个位置开始，截取后面的 4 个字符。从图 7-12 可以看出，使用 NSString 类可以很灵活地实现字符串的截取操作。

7.2.3 NSMutableString 类的常见操作

使用 NSString 类创建的字符串是不可变的，即一旦创建，字符串的内容和长度都是不可变的。如果需要对这个字符串进行修改，则只能创建新的字符串，这样的操作是非常耗费内存空间的。针对这种情况，OC 提供了一个 NSMutableString 类，它是 NSString 的子类，其创建的字符串长度和内容都是可变的。在 NSMutableString 类中，提供了追加、删除、修改、插入的一系列方法，具体如表 7-4 所示。

表 7-4 NSMutableString 类操作可变字符串的常见方法

方法声明	功能描述
– (void)appendString:(NSString *)aString	在可变字符串末尾追加字符串
– (void)deleteCharactersInRange:(NSRange)range	删除可变字符串中指定的子字符串
– (void)insertString:(NSString*)aStringatIndex:(NSUInteger)loc	在可变字符串指定位置插入一个新的子字符串
– (void)replaceCharactersInRange:(NSRange)range withString:(NSString *)aString	把字符串中指定的字符串替换成另一个指定的字符串
– (void)appendFormat:(NSString *)format,...	将一个格式化的字符串追加在可变字符串上，被追加的字符串一定不能为空

表 7-4 列举了 NSMutableString 类操作可变字符串的常见方法，这些方法的作用各不相同。接下来，通过几个案例分别讲解这些方法的使用。

1. 字符串的追加操作

在程序开发中，有时需要在可变字符串的末尾追加一个字符串，这时，可以使用 NSMutableString 类的 appendString 或 appendFormat 方法。接下来，通过一个案例来演示如何使用 appendString 或 appendFormat 方法实现字符串的追加操作，如例 7-9 所示。

例 7-9 main.m

```
1 #import<Foundation/Foundation.h>
2 int main(int argc, const char * argv[])
3 {
4     NSMutableString * mStr = [NSMutableString string];
5     //添加普通的字符串
6     [mStr appendString:@"itcast"];
7     //在字符串中添加一个指定格式的字符串
8     [mStr appendFormat:@"已经有%d年的历史了", 9];
9     NSLog(@"%@",mStr);
10     return 0;
11}
```

运行结果如图 7-13 所示。

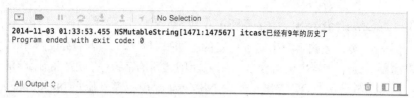

图 7-13　例 7-9 运行结果

例 7-9 中，第 4 行代码通过调用类方法 string 创建一个空的可变字符串 mStr，第 6 行代码调用 appendString 方法给可变字符串 mStr 添加字符串内容，第 8 行代码通过调用 appendFormat 方法，给可变字符串 mStr 添加格式化的字符串，第 9 行代码对 mStr 字符串进行打印输出。通过图 7-13 可以看出，打印输出语句为"itcast 已经有 9 年的历史了"。

2．字符串的删除操作

在程序开发中，有时需要对可变字符串的部分内容进行删除操作，这时，可以使用 NSMutableString 类的 deleteCharactersInRange 方法实现。接下来，通过一个案例来演示如何使用 deleteCharactersInRange 方法实现可变字符串的删除操作，如例 7-10 所示。

例 7-10　main.m

```
1  #import <Foundation/Foundation.h>
2  int main(int argc, const char * argv[])
3  {
4      //创建可变字符串 str
5      NSMutableString *str = [NSMutableString
6                      stringWithFormat:@"北京传智播客 itcast"];
7      //删除可变字符串中含"北京"的字符
8      [str deleteCharactersInRange: [str rangeOfString: @"北京"]];
9      NSLog(@"str = %@",str);
10     return 0;
11 }
```

运行结果如图 7-14 所示。

图 7-14　例 7-10 运行结果

在例 7-10 中，第 5～6 行代码通过调用 stringWithFormat 方法创建了一个可变字符串 str，第 8 行代码通过调用 deleteCharactersInRange 方法把可变字符串 str 中的"北京"删除。从图 7-14 中可以看出，字符串 str 中的"北京"成功删除了。

3．可变字符串插入操作

在程序开发中，有时也需要对可变字符串做插入操作，NSMutableString 类提供了 insertString 方法，它通过传入具体的参数，在可变字符串的指定位置插入字符。接下来就通过一个案例来演示如何使用 insertString 方法在字符串的指定位置插入字符，如例 7-11 所示。

例 7-11　main.m

```
1 #import <Foundation/Foundation.h>
2 int main(int argc, const char * argv[])
3 {
4     //创建字符串
5     NSMutableString *str = [NSMutableString stringWithFormat:@"北京欢迎您"];
6     //在 str 第 2 位插入字符串
7     [str insertString:@"传智播客" atIndex:2];
8     NSLog(@"str = %@",str);
9     return 0;
10}
```

运行结果如图 7-15 所示。

```
▽   ▬   ‖   ↻   ⬆   ⬆   ⤺    No Selection
2014-11-03 01:42:43.058 NSMutableString[1524:151460] str = 北京传智播客欢迎您
Program ended with exit code: 0


All Output ◇                                                   🗑   ▯ ▯
```

图 7-15　例 7-11 运行结果

例 7-11 中，第 5 行代码创建一个可变字符串 str，第 7 行代码使用 insertString 方法在可变字符串 str 的第 2 个字符后插入了指定的字符串"传智播客"。从图 7-15 中可以看出，字符串 str 中成功插入了"传智播客"。

4. 可变字符串替换操作

在程序开发中，有时需要对可变字符串中的内容进行替换，这时，可以使用 NSMutableString 类的 replaceCharactersInRange 方法。接下来通过一个案例来演示如何使用 replaceCharactersInRange 方法实现字符串的替换操作，如例 7-12 所示。

例 7-12　main.m

```
1 #import<Foundation/Foundation.h>
2 int main(int argc, const char * argv[])
3 {
4     NSMutableString *str = [NSMutableString string];
5     str.string = @"北京欢迎您"; //原字符串
6     NSLog(@"%@", str);
7     [str replaceCharactersInRange:[str rangeOfString:@"北京"]
8     withString:@"传智播客"];              //把原字符串中的北京换成传智播客
9     NSLog(@"%@", str);
10    return 0;
11}
```

运行结果如图 7-16 所示。

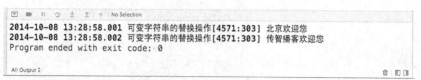

图 7-16　例 7-12 运行结果

例 7-12 中，第 4 行代码通过 NSMutableString 类创建了一个可变字符串 str；第 5 行代码为字符串 str 进行赋值；第 7 行代码使用 replaceCharactersInRange 方法，将原先字符串 str 中的"北京"替换成指定字符串"传智播客"。从图 7-16 中可以看出，可变字符串 str 中的"北京"成功被替换成了"传智播客"。

7.3　数组对象

C 语言中的数组存放的是同一种类型的基本数据，当需要将不同类型的数据存放到同一个集合中的时候，C 语言中的数组就无能为力了。而 OC 中定义了一个数组类"NSArray"，利用 NSArray 类所创建的数组，可以存放不同类型的对象。这样就可以将不同类型的数据包装成为数据对象之后，放到 OC 数组中。本节将围绕类 NSArray 和其子类 NSMutableArray 进行详细讲解。

7.3.1　NSArray 类创建数组及常见操作

在程序开发中，如果需要同时存储一个人的姓名、年龄、身高等数据，可以使用 OC 中的 NSArray 类来实现。NSArray 是用来存放多个对象的数组类，它所存放的对象都是有序的，并且这些对象可以是不同类型的。例如 NSString 类的对象、自定义的 Student 对象等都可以存放在同一个数组里面。

在使用数组之前，首先需要利用 NSArray 类创建数组对象。在 OC 中有两种方式创建数组，具体如下。

1. 直接创建一个对象数组，并将对象元素存入数组，具体示例如下：

```
NSArray *array = @[@"jack",@"rose"];
```

从上述示例可以看出，OC 数组中存储的对象都在一对中括号中，并且对象之间使用逗号隔开。

2. 使用 NSArray 类提供的方法创建数组对象，NSArray 类中常见的创建数组对象的方法如表 7-5 所示。

表 7-5　使用 NSArray 类创建数组的常用方法

方法声明	功能描述
+ (instancetype)array	创建并返回一个空数组
+(instancetype)arrayWithObjects:(id)firstObj, ...	创建并返回一个包含有多个给定对象的数组
+(instancetype)arrayWithObject:(id)anObject	创建并返回一个只包含一个给定的对象的数组

表 7-5 列举了 NSArray 类用于创建数组对象的三种方法，使用这些方法创建的数组各不相同。接下来，通过一个案例来演示如何使用 NSArray 类提供的方法创建数组，如例 7-13 所示。

例 7-13 main.m

```
1  #import<Foundation/Foundation.h>
2  int main(int argc, const char * argv[])
3  {
4      //快速创建方式
5      NSArray *array0 =  @[@"jack",@"dawe"];
6      // 创建一个空数组
7      NSArray *array1=[NSArray array];
8      //创建有多个元素的数组
9      NSArray *array2= [NSArray arrayWithObjects:@"jack", @"rose", nil];
10     //创建只有一个元素的数组
11     NSArray *array3 = [NSArray arrayWithObject:@"Jack"];
12     NSLog(@"%@",array0);
13     NSLog(@"%@",array1);
14     NSLog(@"%@",array2);
15     NSLog(@"%@",array3);
16     return 0;
17 }
```

运行结果如图 7-17 所示。

```
2014-11-04 17:33:43.248 数组的创建[1561:303] (
    jack,
    dawe
)
2014-11-04 17:33:43.250 数组的创建[1561:303] (
)
2014-11-04 17:33:43.251 数组的创建[1561:303] (
    jack,
    rose
)
2014-11-04 17:33:43.251 数组的创建[1561:303] (
    Jack
)
Program ended with exit code: 0
```

图 7-17 例 7-13 运行结果

在例 7-13 中，首先在第 5、7、9、11 行代码分别使用不同的方法创建了数组 array0、array1、array2 和 array3。其中，array0 存放了两个对象，array1 是一个空数组，array2 存放了两个对象，array3 存放了一个对象。然后分别输出了这四个数组。从图 7-17 中可以看出，程序成功创建了 4 个不同的数组，并且这些数组中含有不同的对象。

数组创建成功后，要想获取数组中存放元素的个数，可以使用 count 方法，count 方法的声明格式如下所示：

```
-(NSUInteger)count;
```

上述方法返回的是一个 NSUInteger 类型的数据，通过调用 count 方法，可以获取数组的对象个数。如果想获取数组中指定的对象，可以通过 objectAtIndex 方法来确定对象在数组中的位置。objectAtIndex 方法的声明格式如下所示：

```
- (id)objectAtIndex:(NSUInteger)index;
```

上述方法中，参数 index 是对象在数组中的位置，位置从 0 开始，通过调用此方法可以获取数组相应位置的对象。为了使大家更好地理解这两个方法。接下来通过一个案例来使用这两个方法，具体如例 7-14 所示。

例 7-14　main.m

```
1  #import <Foundation/Foundation.h>
2  int main(int argc, const char * argv[])
3  {
4      NSArray *nameArray = [NSArray arrayWithObjects:@"jeck",@"rose",
5                              @"lili", nil];
6      NSUInteger num = [nameArray count];
7      NSLog(@"数组中的元素个数是%lu",num);
8      for (int i = 0; i < num; i++) {
9          NSLog(@"%@",[nameArray objectAtIndex:i]);
10     }
11     return 0;
12 }
```

程序运行结果如图 7-18 所示。

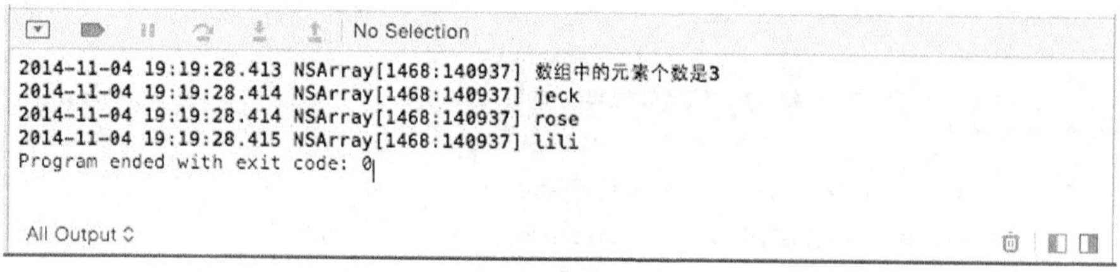

图 7-18　例 7-14 运行结果图

在例 7-14 中，第 4 行代码通过调用类方法 arrayWithObjects 创建数组 nameArray，并同时向数组添加了 3 个对象。第 6 行代码通过调用 count 方法获取数组中对象的个数；第 8~10 行代码通过 for 循环遍历数组，并在第 9 行代码使用 objectAtIndex 方法，获取数组中指定位置的对象。从图 7-18 可以看出，程序输出了数组 nameArray 中存放的对象个数及其每个对象。

7.3.2　NSMutableArray 类创建数组及常见操作

在 OC 中，NSArray 类创建的数组是不可变的，并且数组内的元素不能进行变化。而很多时候数组是需要动态改变的，这时，可以使用 NSMutableArray 类来实现。NSMutableArray 是 NSArray 类的子类，它创建的数组是可变的，可以满足数组的动态变化。使用 NSMutableArray 创建数组的方式有很多种，通常情况下，采用 arrayWithCapacity 方法创建数组，其声明方式如下所示：

```
+ (instancetype)arrayWithCapacity:(NSUInteger)numItems;
```

例如：

```
NSMutableArray *mutableArray = [NSMutableArray arrayWithCapacity:2];
```

上述代码，通过调用 arrayWithCapacity 方法创建了一个可变的数组 mutableArray，并且规定了数组的初始容积为 2。

NSMutableArray 类继承了 NSArray 类的大部分的方法，而且它最重要的特性是可支持动态管理可变数组中的元素。使用 NSMutableArray 类操作数组的一些常见方法如表 7-6 所示。

表 7-6　使用 NSMutableArray 类操作可变数组的常见方法

方法声明	方法实现
– (void)addObject:(id)anObject	向可变数组中添加对象
– (void)removeObjectAtIndex: (NSUInteger) index	删除可变数组中指定位置的对象
– (void)insertObject:(id)anObjectatIndex:(NSUInteger)index	在可变数组指定的位置插入对象
– (void)replaceObjectAtIndex:(NSUInteger)index withObject:(id)anObject	用指定对象替换当前数组中的指定位置的对象

表 7-6 列出的是使用 NSMutableArray 类操作可变数组的的一些常见方法，根据这些方法，可以对可变数组进行动态操作，接下来通过几个案例来学习这些方法。

1．可变数组的增加操作

在程序开发中，经常需要对可变数组中的元素进行增加操作，这时，可以使用 NSMutableArray 类提供的 addObject 方法。接下来，通过一个案例来演示如何使用 addObject 方法向可变数组中添加对象，如例 7-15 所示。

例 7-15　main.m

```
1 #import <Foundation/Foundation.h>
2 int main(int argc, const char * argv[])
3 {
4     @autoreleasepool {
5         NSObject *obj = [[NSObject alloc]init];
6         NSMutableArray *mutableArray = [NSMutableArray arrayWithCapacity:4];
7         [mutableArray addObject:@".net"];
8         [mutableArray addObject:@"java"];
9         [mutableArray addObject:@"iOS"];
10        [mutableArray addObject:@"C++"];
11        [mutableArray addObject:obj];
12        for (NSObject * object in mutableArray) {
13            NSLog(@"向空数组添加的对象有:%@", object);
14        }
15    }
16    return 0;
17}
```

运行结果如图 7-19 所示。

```
          ▼  ▶  ‖  ↻  ↓  ↑  ⌁ │ No Selection
2014-11-05 10:37:55.430 可变数组操作[1555:126831] 向空数组添加的对象有:.net
2014-11-05 10:37:55.430 可变数组操作[1555:126831] 向空数组添加的对象有:java
2014-11-05 10:37:55.431 可变数组操作[1555:126831] 向空数组添加的对象有:iOS
2014-11-05 10:37:55.431 可变数组操作[1555:126831] 向空数组添加的对象有:C++
2014-11-05 10:37:55.431 可变数组操作[1555:126831] 向空数组添加的对象有:<NSObject: 0x10010e300>
Program ended with exit code: 0

All Output ◇                                                              🗑 │ ▯ │ ▯
```

图 7-19　例 7-15 运行结果

在例 7-15 中，第 5 行代码创建了一个 NSObject 类的对象 obj；第 6 行代码创建了一个可变数组 mutableArray，并指定数组初始容积为 4；第 7~11 行代码通过调用 addObject 方法，给可变数组 muableArray 中添加 5 个对象；并在第 12~14 行代码对数组中的对象进行遍历，且以字符串方式打印输出。从图 7-19 中可以看出，数组中有 5 个对象，其中一个是 NSObject 类的对象。

2. 可变数组的删减操作

在程序开发中，不仅会对可变数组进行添加操作，还会进行删除操作，NSMutableArray 类提供了一个 removeObjectAtIndex 方法，该方法可以删除可变数组中指定位置的对象。接下来通过一个案例来学习此方法，如例 7-16 所示。

例 7-16　main.m

```
1 #import <Foundation/Foundation.h>
2 int main(int argc, const char * argv[])
3 {
4     NSMutableArray *cousreArray = [NSMutableArray array];
5     [cousreArray addObject:@"JavaEE"];
6     [cousreArray addObject:@"Android"];
7     [cousreArray addObject:@"iOS"];
8     [cousreArray addObject:@"php"];
9     for (int i = 0; i < [cousreArray count]; i++) {
10         NSLog(@"传智播客课程有:%@",[cousreArray objectAtIndex:i]);
11     }
12     [cousreArray removeObjectAtIndex:1];// 删除掉数组中的角标为 1 的对象
13     NSLog(@"---删除元素前后的分割线---");
14     for (int i = 0; i < [cousreArray count]; i++) {
15         NSLog(@"传智播客课程有:%@",[cousreArray objectAtIndex:i]);
16     }
17     return 0;
18 }
```

运行结果如图 7-20 所示。

```
2014-11-05 00:09:24.672 NSMutableString[866:55534] 传智播客课程有:JavaEE
2014-11-05 00:09:24.673 NSMutableString[866:55534] 传智播客课程有:Android
2014-11-05 00:09:24.674 NSMutableString[866:55534] 传智播客课程有:iOS
2014-11-05 00:09:24.674 NSMutableString[866:55534] 传智播客课程有:php
2014-11-05 00:09:24.674 NSMutableString[866:55534] ---删除元素前后的分割线---
2014-11-05 00:09:24.674 NSMutableString[866:55534] 传智播客课程有:JavaEE
2014-11-05 00:09:24.674 NSMutableString[866:55534] 传智播客课程有:iOS
2014-11-05 00:09:24.674 NSMutableString[866:55534] 传智播客课程有:php
Program ended with exit code: 0
All Output ◇
```

图 7-20　例 7-16 运行结果

在例 7-16 中，第 4 行代码创建一个可变数组 cousreArray，第 5~8 行代码是给可变数组添加 4 个对象。第 9~11 行代码对可变数组中的对象进行遍历，并将对象以字符串形式打印。第 12 行代码使用 removeObjectAtIndex 方法删除了数组中的一个对象。从图 7-20 可以看出，将数组中的角标为 1 的元素 "Android" 删去了，在删除之后，数组中对象的数量由 4 个变为 3 个。

3．可变数组的插入操作

对于可变数组，有时需要在可变数组的指定位置插入某个元素，这时可以调用 NSMutableArray 类的 replaceObjectAtIndex 方法。当完成可变数组的插入操作后，可变数组中原有位置上的以及之后位置的元素都会一起向后移动。接下来通过一个案例来学习此方法，如例 7-17 所示。

例 7-17　main.m

```
1  #import <Foundation/Foundation.h>
2  int main(int argc, const char * argv[])
3  {
4      NSMutableArray *cousreArray = [NSMutableArray array];
5      [cousreArray addObject:@"JavaEE"];
6      [cousreArray addObject:@"Android"];
7      [cousreArray addObject:@"iOS"];
8      [cousreArray addObject:@"php"];
9      for (int i = 0; i < [cousreArray count]; i++) {
10         NSLog(@"传智播客课程有:%@",[cousreArray objectAtIndex:i]);
11     }
12     // 在数组中角标为 2 的对象之后插入对象
13     [cousreArray insertObject:@"C++" atIndex:2];
14     NSLog(@"---插入对象前后的分割线---");
15     for (int i = 0; i < [cousreArray count]; i++) {
16         NSLog(@"传智播客课程有:%@",[cousreArray objectAtIndex:i]);
17     }
18     return 0;
19 }
```

程序运行结果如图 7-21 所示。

```
▼  ▶  ‖  ⟳  ⬇  ⬆   No Selection
2014-11-05 01:17:39.348 NSMutableString[1042:73452] 传智播客课程有:JavaEE
2014-11-05 01:17:39.349 NSMutableString[1042:73452] 传智播客课程有:Android
2014-11-05 01:17:39.350 NSMutableString[1042:73452] 传智播客课程有:iOS
2014-11-05 01:17:39.350 NSMutableString[1042:73452] 传智播客课程有:php
2014-11-05 01:17:39.350 NSMutableString[1042:73452] ---插入对象前后的分割线---
2014-11-05 01:17:39.350 NSMutableString[1042:73452] 传智播客课程有:JavaEE
2014-11-05 01:17:39.350 NSMutableString[1042:73452] 传智播客课程有:Android
2014-11-05 01:17:39.351 NSMutableString[1042:73452] 传智播客课程有:C++
2014-11-05 01:17:39.351 NSMutableString[1042:73452] 传智播客课程有:iOS
2014-11-05 01:17:39.351 NSMutableString[1042:73452] 传智播客课程有:php
Program ended with exit code: 0
All Output ⌄                                              🗑  ▯▮ ▮▯
```

图 7-21　例 7-17 运行结果

在例 7-17 中，第 4 行代码是创建一个可变数组，第 5~8 行代码是给可变数组添加 4 个对象。第 9~11 行代码对可变数组中的对象进行遍历，并将对象以字符串形式打印。第 13 行代码是使用 insertObject 方法，在数组中角标为 2 的对象之后插入对象。从图 7-21 可以看出，在数组中第 2 个对象 "Android" 之后加入了对象 "C++"，数组中对象的数量由 4 个增为 5 个。

4．可变数组的替换操作

在程序开发中，可变数组同样也有替换功能，可变数组的替换方法是 replaceObjectAtIndex，该方法可以将指定的字符串替换掉，接下来通过一个案例来实现此方法，如例 7-18 所示。

例 7-18　main.m

```objc
1 #import <Foundation/Foundation.h>
2 #import <Foundation/Foundation.h>
3 int main(int argc, const char * argv[])
4 {
5     @autoreleasepool {
6         NSObject *obj = [[NSObject alloc]init];
7         NSMutableArray *mutableArray = [NSMutableArray arrayWithCapacity:6];
8         [mutableArray addObject:@".net"];
9         [mutableArray addObject:@"java"];
10        [mutableArray addObject:@"iOS"];
11        [mutableArray addObject:@"C++"];
12        [mutableArray addObject:obj];
13        for (NSObject * object in mutableArray) {
14            NSLog(@"替换前数组对象:%@", object);
15        }
16        [mutableArray replaceObjectAtIndex:0 withObject:@"php"];
17        NSLog(@"---------替换操作前后分割线-------------");
18        for (NSObject * object in mutableArray) {
19            NSLog(@"替换后数组对象:%@", object);
20        }
```

```
21    }
22    return 0;
23}
```

程序运行结果如图 7-22 所示。

```
2014-11-05 09:24:14.037 可变数组操作[1384:101511] 替换前数组对象:.net
2014-11-05 09:24:14.038 可变数组操作[1384:101511] 替换前数组对象:java
2014-11-05 09:24:14.038 可变数组操作[1384:101511] 替换前数组对象:iOS
2014-11-05 09:24:14.038 可变数组操作[1384:101511] 替换前数组对象:C++
2014-11-05 09:24:14.038 可变数组操作[1384:101511] 替换前数组对象:<NSObject: 0x100204ad0>
2014-11-05 09:24:14.038 可变数组操作[1384:101511] ----------替换操作前后分割线------------
2014-11-05 09:24:14.039 可变数组操作[1384:101511] 替换后数组对象:php
2014-11-05 09:24:14.039 可变数组操作[1384:101511] 替换后数组对象:java
2014-11-05 09:24:14.039 可变数组操作[1384:101511] 替换后数组对象:iOS
2014-11-05 09:24:14.039 可变数组操作[1384:101511] 替换后数组对象:C++
2014-11-05 09:24:14.039 可变数组操作[1384:101511] 替换后数组对象:<NSObject: 0x100204ad0>
Program ended with exit code: 0
```

图 7-22　例 7-18 运行结果

在例 7-18 中,第 6 行代码创建了一个 obj 对象;第 7 行代码创建了可变数组 mutableArray、第 8~12 行代码是给可变数组添加 4 个字符串对象,也把 obj 对象添加到可变数组中。第 13~15 行代码是遍历可变数组中的对象。第 16 行代码通过调用 replaceObjectAtIndex 方法,把可变数组中的角标为 0 的对象替换成指定的对象。从图 7-22 中可以看出数组中的第一个对象 ".net" 被替换为 "php"。

7.4　字典对象

在 OC 程序开发中,字典是用来存储键值对形式数据类型的集合。和前面学习过的字符串、数组一样,OC 中的字典类也有不可变和可变字典,其中,不可变字典用 NSDictionary 类表示,可变字典用 NSMutableDictionary 类表示,本节将针对这两个类创建字典和常见操作进行讲解。

7.4.1　字典的概述

在日常生活中,经常使用字典,比如《新华字典》、《英汉字典》以及一些科技名词字典等。字典的本质,按照一般的理解,就是把每一个关键词都映射到与其对应的解释上面去。比如说,《新华字典》把每一个汉字映射到一段关于该字的读音、含义、用法的解释上面,《英汉字典》则是把每一个英文单词映射到一段对应的中文含义解释上面去等。

在程序设计中,字典的功能就是把一个关键词映射到一个对应的值上去,而字典里的"关键词"简称为"键"和"值",它们都是用一个个的对象来表示的。因此,程序设计中的字典实际上就是由一个一个的"键"(key)和它所对应的"值"(value)组成的。开发人员把每一对这样的"键"和"值"结合起来,形象地称为"键值对"。

为了大家更好地理解字典中的键值对,接下来,以生活中的手机通讯录为例,通过一张图来描述什么是键值对,具体如图 7-23 所示。

在图 7-23 中,"姓名"为"键","齐志强"为相对应的"值";"手机号码"为"键","15866668888"为相对应的值;"公司"为"键","北京传智播客"就为对应的"值"。它们形成了 3 个键值对。

图 7-23 键值对关系

7.4.2 NSDictionary 类创建字典及常见操作

在操作 NSDictionary 对象之前，首先需要对 NSDictionary 类初始化。在 OC 中可以通过两种方式对 NSDictionary 类进行初始化，具体如下。

1. 直接初始化一个 NSDictionary 对象，具体示例如下：

```
NSDictionary *dic = @{
                @"key1":@"value1",
                @"key2":@"value2",
                @"key3":@"value3"
        };
```

NSDictionary 类提供了这种简化的语法，用于快速创建并初始化一个字典对象。采用这种方式初始化 NSDictionary 对象时，需要将多对键值对放在"@{ }"的花括号内，并且同一键值对的键和值之间用冒号隔开，不同的键值对之间用逗号隔开。

2. 使用 NSDictionary 提供的方法对字典对象进行初始化，NSDictionary 类中常见初始化字典的方法如表 7-7 所示。

表 7-7 NSDictionary 创建字典对象的常用方法

方法声明	功能描述
+ (instancetype)dictionary	创建并返回一个内容为空的字典对象
+ (instancetype)dictionaryWithObject:(id)object forKey: (id \<NSCopying>)key	创建和返回一个只包含一对键值的字典对象
+ (instancetype)dictionaryWithObjectsAndKeys: (id)first Object, ...	通过传入一一对应的键和值来初始化一个含有多个键值对的字典
− (instancetype)dictionaryWithObjects:(NSArray *)objects forKeys:(NSArray *)keys	初始化一个含有多个键值对的字典,通过传入两个数组分别作为键和值的参数

表 7-7 列举了 NSDictionary 类用于初始化字典的 4 种方法，接下来，通过一个案例来演示如何使用 NSDictionary 类提供的这 4 种方法创建字典，如例 7-19 所示。

例 7-19 main.m

```
1 #import <Foundation/Foundation.h>
```

```
2 int main(int argc, const char * argv[])
3 {
4      //直接初始化一个字典对象
5      NSDictionary *dict1 = @{@"name" : @"zhangsan", @"age" :
6                               @"20",@"sex" : @"male"};
7      NSLog(@"%@",dict1);
8      // 创建一个没有键值的空字典
9      NSDictionary *dict2 = [NSDictionary dictionary];
10     NSLog(@"%@",dict2);
11     // 创建只有一个键值对的字典
12     NSDictionary *dict3 = [NSDictionary
13                    dictionaryWithObject:@"zhangsan"forKey:@"name"];
14     NSLog(@"%@",dict3);
15     // 通过具体的键值创建字典
16     NSDictionary *dict4 = [NSDictionary dictionaryWithObjectsAndKeys:
17                    @"lisi", @"name", @"25", @"age",@"male", @"sex",nil];
18     NSLog(@"%@",dict4);
19     // 将数组作为参数创建字典
20     NSDictionary *dict5 = [NSDictionary
21                    dictionaryWithObjects:@[@"wangwu",@"30",@"male"]
22                    forKeys:@[@"name",@"age",@"sex"]];
23     NSLog(@"%@",dict5);
24     return 0;
25}
```

程序的运行结果如图 7-24 所示。

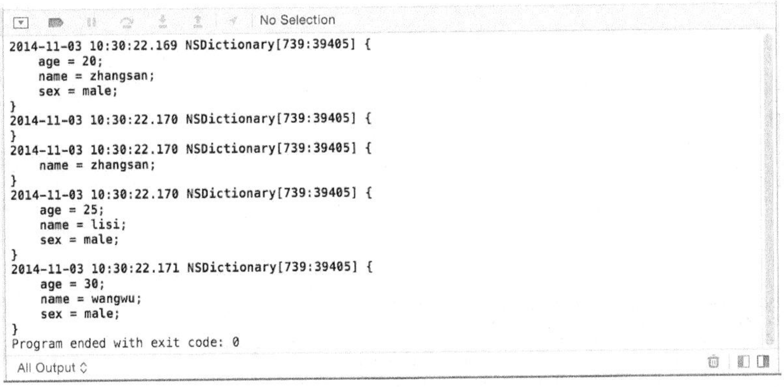

图 7-24　例 7-19 运行结果

例 7-19 中, 第 5 行代码通过直接初始化的方式创建了一个字典对象 dict1; 第 9 行代码通过调用 dictionary 方法创建了一个空字典 dict2; 第 12 行代码调用 dictionaryWithObject 方法传入具体的键和值, 创建了只含有一个键值对的字典 dict3; 第 16 行代码调用了 dictionary-

WithObjectsAndKeys 方法，传入具体的键和值，创建了含有多个键值对的字典 dict4。第 20 行代码调用了 dictionaryWithObjects 方法，通过传入两个数组为参数——其中一个数组中的对象作为键，另一个数组中的对象作为值——来创建含有多个键值对的字典 dict5。从图 7-24 中可以看出，程序通过不同的方式成功创建了 5 个不同的字典。

完成字典的初始化后，就可以根据字典中的键获取所对应的值。这里首先介绍一种最简单的根据键获取值的方法，示例如下所示：

```
id obj2 = dict[@"key"];
```

在上述示例中，dict 表示一个字典对象的名字，在字典名字之后的中括号内输入对应的键名，即可返回对应的 NSObject 类的值。

此外，还有一种方法也可以根据键获得相对应的值，具体如下所示：

```
-(id)objectForKey:(id)aKey;
```

为了使大家更好地掌握字典的取值方法，接下来，通过一个案例来演示如何根据字典的键获取相应的值，如例 7-20 所示。

例 7-20　main.m

```
1 #import <Foundation/Foundation.h>
2 int main(int argc, const char * argv[])
3 {
4     //快速创建字典对象
5     NSDictionary *dict = @{@"name" : @"zhangsan",@"age" :
6                            @"20",@"sex" : @"male"};
7     id obj2 = dict[@"age"];
8     NSLog(@"age 键所对应的值为%@",obj2);
9     id obj1 = [dict objectForKey:@"age"];
10    NSLog(@"age 键的值为%@",obj1);
11    //对字典中键进行遍历，获取其键值对
12    for (NSString *key in dict) {
13        NSLog(@"%@ = %@",key,dict[key]);
14    }
15    return 0;
16}
```

运行结果如图 7-25 所示。

```
▼  ▶  II  ⟳  ⬇  ⬆  |    No Selection
2014-11-03 15:41:45.109 NSDictionary[1300:119738] age键所对应的值为20
2014-11-03 15:41:45.110 NSDictionary[1300:119738] age键的值为20
2014-11-03 15:41:45.110 NSDictionary[1300:119738] name = zhangsan
2014-11-03 15:41:45.110 NSDictionary[1300:119738] age = 20
2014-11-03 15:41:45.111 NSDictionary[1300:119738] sex = male
Program ended with exit code: 0
All Output ◇                                          🗑  ▯ ▮ ▯
```

图 7-25　例 7-20 运行结果

例7-20中，第5行代码直接创建了一个包含三对键值的字典对象dict；第7行代码使用"dict[key]"方式根据键获取对应的值；第9行代码调用objectForKey方法获取键对应的值；第12～14行代码对字典dict进行遍历，获取数组中所有的键值对。从图7-25中可以清楚地看到两种不同方式获得的值和对字典进行遍历之后的键值对。

7.4.3 NSMutableDictionary 类创建字典及常见操作

在OC程序开发中，有时需要灵活的对字典中键值对进行管理，这时可以通过可变字典来实现。可变字典由NSMutableDictionary类表示，它是NSDictionary类的子类，可以调用NSDictionary的类方法来创建可变字典对象，具体示例如下：

```
NSMutableDictionary *mutableDict = [NSMutableDictionary dictionaryWithObject:
@"Jack" forKey:@"name"];
```

在上述示例中，NSMutableDictionary类通过调用类方法dictionaryWithObject创建了一个可变的字典对象。

可变字典相对于不可变字典来说，最大的不同就是可变字典可以对它的元素进行动态管理，接下来针对可变字典的常见操作进行详细讲解。

1. 添加或修改字典元素

可变的对象都有增删功能，NSMutableDictionary类提供了对字典元素进行添加或修改的方法，其声明方式如下所示：

```
-(void)setObject:(id)theObject forKey:(id)theKey
```

上述方法用于向字典中添加键为theKey对象，值为theObject对象的一个键值对。如果之前没有键为theKey对象的键值对，则会新建该键值对，进行字段元素的添加操作；如果之前已经有键为theKey的键值对，则会把之前键所对应的值替换为新的值theObject，进行字段元素的修改操作。

2. 删减字典元素

NSMutableDictionary类还提供了删除键值对的相关方法，其声明方式如下所示：

```
- (void) removeObjectForKey: (id) theKey;
```

这个方法只有一个参数，就是要删除键值对的键值。当字典对象调用该方法时，若字典中之前存在键为theKey的键值对，该键值对就会被删去。

上述两种操作是可变字典最常见的操作，接下来，通过一个案例来演示可变字典的这两种操作，具体如例7-21所示。

例7-21 main.m

```
1 #import <Foundation/Foundation.h>
2 int main(int argc, const char * argv[])
3 {
4     //新建一个字典对象
5     NSMutableDictionary* weathers = [NSMutableDictionary
6                         dictionaryWithObjectsAndKeys:
7                     @"cloudy",@"Monday",@"sunny",@"Tuesday",nil];
8     NSLog(@"新建的字典的键值对为:");
9     for(NSString *key in weathers) {
```

```
10        NSLog(@"%@ = %@",key,weathers[key]);
11    }
12    //对字典中的元素进行增改操作
13    NSLog(@"增改之后的字典的键值对为:");
14    [weathers setObject:@"snowy" forKey:@"Monday"];
15    [weathers setObject:@"winday" forKey:@"Wednesday"];
16    for(NSString *key in weathers) {
17        NSLog(@"%@ = %@",key, weathers[key]);
18    }
19    //对字典中的元素进行删除操作
20    [weathers removeObjectForKey:@"Tuesday"];
21    NSLog(@"删除之后的字典的键值对为:");
22    for(NSString *key in weathers) {
23        NSLog(@"%@ = %@",key, weathers[key]);
24    }
25    return 0;
26}
```

运行结果如图 7-26 所示。

```
2014-11-03 16:47:41.093 NSMutableDictionary[1568:141955] 新建的字典的键值对为:
2014-11-03 16:47:41.094 NSMutableDictionary[1568:141955] Monday = cloudy
2014-11-03 16:47:41.094 NSMutableDictionary[1568:141955] Tuesday = sunny
2014-11-03 16:47:41.094 NSMutableDictionary[1568:141955] 增改之后的字典的键值对为:
2014-11-03 16:47:41.095 NSMutableDictionary[1568:141955] Monday = snowy
2014-11-03 16:47:41.095 NSMutableDictionary[1568:141955] Tuesday = sunny
2014-11-03 16:47:41.095 NSMutableDictionary[1568:141955] Wednesday = winday
2014-11-03 16:47:41.095 NSMutableDictionary[1568:141955] 删除之后的字典的键值对为:
2014-11-03 16:47:41.095 NSMutableDictionary[1568:141955] Monday = snowy
2014-11-03 16:47:41.095 NSMutableDictionary[1568:141955] Wednesday = winday
Program ended with exit code: 0
```

图 7-26　例 7-21 运行结果

例 7-21 中，第 5 行代码通过调用方法 dictionaryWithObjectsAndKeys 创建了包含两个键值对的字典对象 weathers；第 14~15 行代码通过调用 setObject:forKey 方法，对字典对象 weathers 进行添加或修改操作；第 20 行代码通过调用方法 removeObjectForkey 将字典中的键值对进行删除。从图 7-26 可以看出，字典对象首先添加了一个键值对"Wednesday=Windy"，然后将键值对"Monday=cloudy"修改为"Monday=snowy"，最后删除了键值对"Tuesday=sunny"。

7.5　数字对象

通过前面小节的学习，知道在 NSArray 数组中，保存的元素都是对象，而 int，float 等都是基本数据类型，是不可以在 NSArray 数组中存放的。这时，我们就可以使用 NSNumber 类将基本数据类型的数字转为数字对象。本节将针对数字对象进行详细讲解。

7.5.1　NSNumber 类创建数字对象

在 OC 中，NSNumber 类用来将基本数据类型的数字转为对象类型。创建 NSNumber 类型对象的方式有两种，具体如下。

（1）直接初始化一个 NSNumber 对象，具体示例如下：

```
NSNumber* intNumber1 = @28;
```

NSNumber 类提供了这种简化的语法，即在特殊字符 "@" 之后加上基本数据类型的数字，这样就可以快速创建一个数字对象。

（2）使用 NSNumber 提供的方法对数字对象进行创建，NSNumber 类中常见的创建数字的方法如表 7-8 所示。

表 7-8　NSNumber 创建方法

方法声明	功能描述
+ (NSNumber *)numberWithInt:(int)value	传入一个 int 类型的参数，返回一个 NSNumber 类型的对象
+ (NSNumber *)numberWithFloat:(float)value	传入一个 float 类型的参数，返回一个 NSNumber 类型的对象
+ (NSNumber *)numberWithBool:(BOOL)value	传入一个 BOOL 类型的参数，返回一个 NSNumber 类型的对象
+(NSNumber*)numberWithDouble:(double)value	传入一个 double 类型的参数，返回一个 NSNumber 类型的对象。

表 7-8 中，列出了一些创建 NSNumber 对象的方法，这些方法的使用比较简单。接下来，通过一个案例来演示如何使用 NSNumber 类创建对象，如例 7-22 所示。

例 7-22　main.m

```
1 #import <Foundation/Foundation.h>
2 int main(int argc, const char * argv[])
3 {
4     NSNumber *intNum0 = @28; //快速创建整数类型数字对象
5     NSLog(@"整数类型数字对象%@",intNum0);
6     NSNumber *intNum1 = [NSNumber numberWithInt:28];//创建整数类型数字对象
7     NSLog(@"整数类型数字对象%@",intNum1);
8     //创建单精度类型数字对象
9     NSNumber *floatNum = [NSNumber numberWithFloat:3.14f];
10    NSLog(@"单精度类型数字对象%@",floatNum);
11    //创建双精度类型数字对象
12    NSNumber *doubleNum = [NSNumber numberWithDouble:256.284];
13    NSLog(@"双精度类型数字对象%@",doubleNum);
14    NSNumber *boolNum = [NSNumber numberWithBool:1];// 创建布尔类型数字对象
15    NSLog(@"布尔类型数字对象%@",boolNum);
16    return 0;
17}
```

运行结果如图 7-27 所示。

2014-11-05 11:21:29.713 NSNumber对象创建[1674:141925] 整数类型数字对象28
2014-11-05 11:21:29.714 NSNumber对象创建[1674:141925] 整数类型数字对象28
2014-11-05 11:21:29.714 NSNumber对象创建[1674:141925] 单精度类型数字对象3.14
2014-11-05 11:21:29.714 NSNumber对象创建[1674:141925] 双精度类型数字对象256.284
2014-11-05 11:21:29.715 NSNumber对象创建[1674:141925] 布尔类型数字对象1
Program ended with exit code: 0

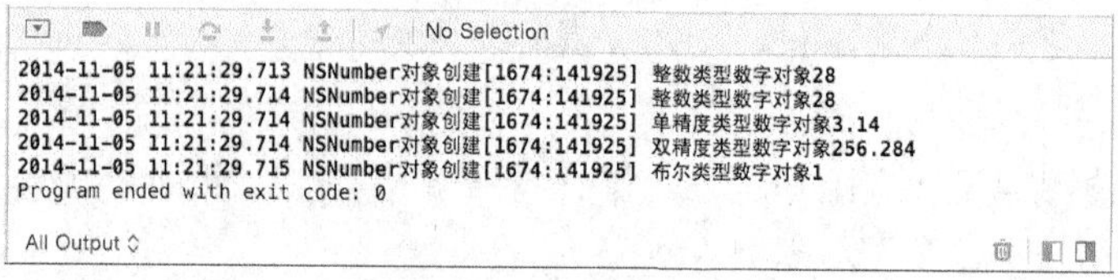

All Output ◇

图 7-27　例 7-22 运行结果

在例 7-22 中，第 4 行代码通过快速创建方式创建了数字对象 intNum0，第 6~14 行代码通过 NSNumber 的不同方法，分别创建了数字对象 intNum1、floatNum、doubleNum 和 boolNum。

7.5.2　数字对象的类型转换

在 NSArray 数组中不支持存放基本数据类型，但是有时需要把基本数据类型放入数组。这时，就可以把基本数据类型包装成数字对象类型，存放到数组中；当需要基本数据类型时，再把数字对象类型转回基本数据类型。接下来，针对基本数据类型和数字对象类型的转换进行详细讲解。

1．把基本数据类型转为数字对象类型

把基本数据类型封装为数字对象类型，是在程序开发中最常见的操作。基本变量被封装为 NSNumber 对象之后，就可以在 NSArray、NSMutableArray 等数组对象中使用了。接下来，通过一个案例来演示如何把基本数据类型转为数字对象类型，如例 7-23 所示。

例 7-23　main.m

```
1 #import<Foundation/Foundation.h>
2 int main(int argc, const char * argv[])
3 {
4    NSMutableArray *numberArray = [NSMutableArray array];
5    for (int i = 0; i < 10 ; i++) {
6        [numberArray addObject:[NSNumber numberWithInt:i]];
7    }
8    NSLog(@"%@",numberArray);
9    return 0;
10}
```

运行结果如图 7-28 所示。

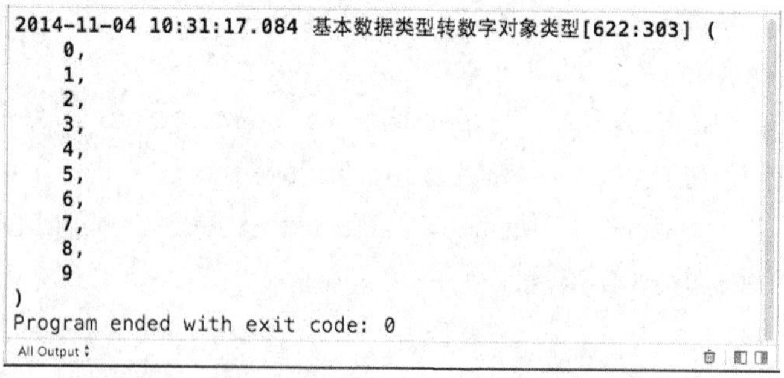

2014-11-04 10:31:17.084 基本数据类型转数字对象类型[622:303] (
    0,
    1,
    2,
    3,
    4,
    5,
    6,
    7,
    8,
    9
)
Program ended with exit code: 0
All Output ‡

图 7-28　例 7-23 运行结果

在例 7-23 中，第 4 行代码创建一个空可变数组 numberArray。第 5~7 行代码通过在 for 循环里调用 numberWithInt 方法，将 0~9 十个整数转化为十个 NSNumber 对象，并将其动态地添加到可变数组 numberArray 之中。从图 7-28 可以看出可变数组 numberArray 中含有 0~9 十个对象。

2．把数字对象类型转为基本数据类型

基本数据类型被转为数字对象类型之后，如果想对这些数字对象做运算操作，就需要把数字对象类型再转成基本数据类型，从而进行各种表达式计算、比较等操作。把数字对象类型转成基本数据类型的方法很简单，只要调用 NSNumber 类中相应的取值方法就可以了。表 7-9 列举了 NSNumber 类常见的取值方法。

表 7-9　使用 NSNumber 类常用的取值方法

方法声明	功能描述
–(int) intValue	把 NSNumber 对象转化为 int 类型数据
–(float) floatValue	把 NSNumber 对象转化为 float 类型数据
–(double) doubleValue	把 NSNumber 对象转化为 double 类型数据
–(BOOL) boolValue	把 NSNumber 对象转化为 BOOL 类型数据
–(NSString*) stringValue	把 NSNumber 对象转化为字符串对象

表 7-9 列出了一些常见的取值方法，需要注意的是，不管 NSNumber 对象在一开始时是用什么基本数据类型的变量创建的，都可以对它调用各种相应的取值方法，获得相应类型的返回值。例如，可以对一个由浮点数生成的 NSNumber 调用取整数值方法 intValue，此时该调用将返回对原浮点数取整后得到的整数。接下来，通过一个案例来演示如何将数字对象转为基本类型数据，如例 7-24 所示。

例 7-24　main.m

```
1 #import<Foundation/Foundation.h>
2 int main(int argc, const char * argv[])
3 {
4    NSNumber* numberDouble = [NSNumber numberWithDouble: 3.1415926535];
5    double doubleNum = [numberDouble doubleValue];
6    int intNum = [numberDouble intValue];
7    NSString *theString = [numberDouble stringValue];
8    NSLog(@"还原为双精度浮点数，结果为%lf", doubleNum);
9    NSLog(@"还原为整数，结果为%d", intNum);
10   NSLog(@"还原为字符串，结果为%@", theString);
11   return 0;
12}
```

运行结果如图 7-29 所示。

```
No Selection
2014-10-08 16:28:13.424 数字对象[5866:303] 还原为双精度浮点数，结果为3.141593
2014-10-08 16:28:13.426 数字对象[5866:303] 还原为整数，结果为3
2014-10-08 16:28:13.427 数字对象[5866:303] 还原为字符串，结果为3.1415926535
Program ended with exit code: 0
All Output ⌄
```

图 7-29　例 7-24 运行结果

在例 7-24 中，第 4 行代码将双精度浮点数 3.1415926535 转为 NSNumber 对象，第 5 行代码通过调用 doubleValue 方法将对象转化为 double 类型，第 6 行代码调用 intValue 方法将对象改为 int 类型，第 7 行代码调用 stringValue 方法将对象改为字符串类型。从图 7-29 中可以看出，NSNumber 类型对象最终被转化为双精度类型数据 3.141593、整数类型数据 3，以及字符串对象 3.1415926535。

7.6　本章小结

本章主要讲解 Foundation 框架里的一些基础类，包括字符串、数组、字典和数字，这些类都是 OC 开发中使用最频繁的。通过本章的学习，希望大家可以熟练使用这些类创建不同类型的对象，并对这些对象进行各种操作。

PART 8

第 8 章
文件操作

📖 **学习目标**

■ 掌握 plist 文件操作，会对文件进行读取和写入操作

■ 掌握 NSFileManager 类的常用方法

在开发 OC 程序时，经常需要存储数据。出于安全考虑，应用程序产生的数据都会以文件的形式进行存储，并且这些文件可以进行读写操作。本章将针对 OC 语言中的文件操作进行详细讲解。

8.1　plist 文件操作

在开发 OC 程序时，经常需要存储一些用户的基本信息，这时，可以采用一种后缀名为.plist 的文件来存储，即 plist 文件。plist 是 Property List 的简称，它是一种属性列表文件，专门用来存储序列化后的对象，并且这些对象中的数据是以 XML 格式存储的。接下来，本节将针对 plist 文件进行详细讲解。

8.1.1　创建 plist 文件

要想操作 plist 文件中的数据，首先得学会创建 plist 文件。创建 plist 文件的操作比较简单，它可以通过 plist 编辑器来创建，具体创建步骤如下所示。

1．新建 plist 文件

打开 Xcode，创建一个名为"08-文件操作"的项目，创建完成后，在 Xcode 导航栏中选择【File】→【New】→【File】→【Resource】→【Property List】，具体如图 8-1 所示。

2．填写文件名称

点击图 8-1 所示的【Next】按钮，就会弹出一个提示输入 plist 文件名的对话框，在该对话框中填入 plist 文件的名称 Student，具体如图 8-2 所示。

在图 8-2 中，不仅可以填写 plist 文件的名称，还可以选择 plist 文件的保存路径。在此选择默认的项目路径为 plist 文件的保存路径。

3．生成 plist 文件

点击图 8-2 所示的【Create】按钮，就会生成 plist 文件。这时，在主界面的左侧，可以看到创建的 Student.plist 文件，具体如图 8-3 所示。

图 8-1　新建 plist 文件

图 8-2　填写 plist 文件名称

图 8-3　生成的 plist 文件

4．向 plist 文件写入数据

双击图 8-3 所示的 Student.plist 文件，就会进入它的编辑界面，具体如图 8-4 所示。

图 8-4　Student.plist 的编辑界面

点击图 8-4 所示的 Root，会在 Root 右边出现一个小的加号图标，这时，点击加号图标，向 Student.plist 文件中添加一条记录，在 Key 列填写 Jack，在 Type 列选择 Dictionary，添加后的效果如图 8-5 所示。

图 8-5　向 plist 文件添加一条记录

点击 Jack，当 Jack 前的三角形按钮，箭头指向下方时，点击 Jack 右边的加号图标，添加 age 和 phone 两条记录，并且这两条记录的类型为 String。同样以 Jack 添加记录的方式，增加一条 Rose 记录，该记录同样包括 age 和 phone 两个记录，添加后的效果如图 8-6 所示。

从图 8-6 中可以看出，通过 plist 文件可以很直观地看到所有的数据。选中图 8-3 所示的 Student.plist 文件，右击选择【Open As】→【Source Code】查看 plist 文件，发现 Student.plist

文件是以 XML 格式存储的，具体代码如下所示：

图 8-6　plist 文件中的数据

```xml
<?xml version="1.0" encoding="UTF-8"?>
<!DOCTYPE plist PUBLIC "-//Apple//DTD PLIST 1.0//EN"
            "http://www.apple.com/DTDs/PropertyList-1.0.dtd">
<plist version="1.0">
<dict>
      <key>Jack</key>
      <dict>
          <key>age</key>
          <string>21</string>
          <key>phone</key>
          <string>13455557777</string>
      </dict>
      <key>Rose</key>
      <dict>
          <key>age</key>
          <string>20</string>
          <key>phone</key>
          <string>15688886666</string>
      </dict>
</dict>
</plist>
```

8.1.2　读取 plist 文件

完成 plist 文件的创建后，会发现里面的数据都是以键值对的形式存储的。以字典类为例，要想使用 NSMutableDictionary 类读取 plist 文件，可以使用 NSMutableDictionary 类的 dictionaryWithContentsOfFile 方法，该方法会返回一个字典对象，其声明格式如下所示：

```
+(id) dictionaryWithContentsOfFile: (NSString*) path
```

在上述语法格式中，path 指的是 plist 文件所在的路径，该路径可以在 Xcode 工具中查看。其查看方式是单击 plist 文件，在 Xcode 界面右部的文件检查器中可以看到，具体如图 8-7 所示。

为了帮助大家更好地学习如何读取 plist 文件，接下来，通过一个案例来读取 Student.plist 文件中的数据，具体如例 8-1 所示。

图 8-7 Xcode 界面右部的文件信息

例 8-1 main.m

```
1 #import <Foundation/Foundation.h>
2 int main(int argc, const char * argv[])
3 {
4    @autoreleasepool {
5       NSMutableDictionary *dict=[NSMutableDictionary
6           dictionaryWithContentsOfFile:
7               @"/Users/apple/Documents/08-文件操作-plist 文件/
8                  08-文件操作-plist 文件/Student.plist"];
9       NSLog(@"%@",dict);
10   }
11   return 0;
12}
```

运行结果如图 8-8 所示。

```
2014-10-23 15:56:23.442 plist文件操作[1651:136201] {
    Jack =     {
        age = 21;
        phone = 13455557777;
    };
    Rose =     {
        age = 20;
        phone = 15688886666;
    };
}
Program ended with exit code: 0
```

图 8-8 例 8-1 运行结果

在例 8-1 中，第 5 行代码使用 dictionaryWithContentsOfFile 方法获取到存储 plist 文件的路径，并将该 plist 文件中的数据保存到 dict 对象。第 9 行代码打印输出入 dict 对象。从图 8-8 中可以看出，dict 对象中存储的数据与 Student.plist 文件中的数据是相同的。

8.1.3 写入 plist 文件

在实际开发中，不仅可以使用 plist 编辑器写入文件，还可以通过代码的方式来写入。同样以字典类为例，写入 plist 文件的操作需要用到 NSMutableDictionary 类的 writeToFile 方法，该方法的声明格式如下所示：

```
- (BOOL)writeToFile:(NSString *)path atomically:(BOOL)flag;
```

从上述声明格式可以看出，writeToFile 方法包含两个参数，其中，path 参数用于表示 plist 文件的路径，flag 参数用于标识文件的写入操作是否为原子操作，通常情况下，flag 参数都会设置为 YES。

为了帮助大家更好地学习如何使用代码将数据写入 plist 文件，接下来，通过一个案例来演示，具体代码如例 8-2 所示。

例 8-2　main.m

```
1  #import <Foundation/Foundation.h>
2  int main(int argc, const char * argv[])
3  {
4      // 指定 plist 文件存放的路径
5      NSString *path = @"/Users/apple/Desktop/Person.plist";
6      // 创建一个字典对象
7      NSMutableDictionary * dict = [NSMutableDictionary dictionary];
8      [dict setObject:@"tom" forKey:@"name"];
9      [dict setObject:@"8" forKey:@"age"];
10     [dict writeToFile:path atomically:YES];
11     return 0;
12 }
```

程序运行后，会在指定的路径找到生成的 Person.plist 文件，这时，使用 Xcode 工具打开，结果如图 8-9 所示。

图 8-9　Person.plist 文件中的数据

在例 8-2 中，第 7~9 行代码创建了一个 dict 对象，并添加了两条数据，第 10 行代码使用 writeToFile 方法将 dict 对象中的数据存放到 plist 文件中。从图 8-9 中可以看出，dict 对象中的数据成功写入到了 plist 文件。需要注意的是，使用 writeToFile 方法写入的 plist 文件如果存在，则会将原先的 plist 文件进行替换，否则会重新生成一个 plist 文件。

👆多学一招：数组类、字符串类读写文件

当对 plist 文件进行读写操作的时候，除了可以使用字典类的方法实现，还可以使用数组类和字符串类的方法实现。接下来，通过两个表来列举字典类、数组类和字符串类中读写 plist 文件的方法，如表 8-1 和表 8-2 所示。

表 8-1　读取 plist 文件的相关方法

类名	读取方法
NSDictionary 与 NSMutableDictionary	+(id)dictionaryWithContentsOfFile:(NSString*)path
NSArray 和 NSMutableArray	+(id)arrayWithContentsOfFile:(NSString*)path
NSString 和 NSMutableString	+ (instancetype)stringWithContentsOfFile:(NSString *)path used Encoding:(NSStringEncoding)enc error:(NSError **)error

133

第 8 章　文件操作

表 8-2　写入 plist 文件的相关方法

类名	写入方法
NSDictionary	–(BOOL)writeToFile:(NSString*)path atomically:(BOOL)flag
NSArray	–(BOOL)writeToFile:(NSString*)path atomically:(BOOL)flag
NSString 和 NSMutableString	– (BOOL)writeToFile:(NSString *)path atomically:(BOOL)flag encoding:(NSStringEncoding)enc error:(NSError **)error

　　为了帮助大家更好地理解 plist 文件的读写操作，接下来，通过一个案例来演示如何使用数组类对 plist 文件进行读写操作，具体如例 8-3 所示。

例 8-3　main.m

```
1  #import <Foundation/Foundation.h>
2  int main(int argc, const char * argv[])
3  {
4      NSArray *array = [NSArray    arrayWithObjects:
5          @"One",@"Two",@"name",@"school",@"age",@"information",nil];
6      NSString *path = @"/Users/apple/Desktop/array.plist";
7      [array writeToFile:path atomically:YES];
8      NSArray *arrayInfo = [NSArray arrayWithContentsOfFile:path];
9      for (NSString *str in arrayInfo) {
10         NSLog(@"%@",str);
11     }
12     return 0;
13 }
```

运行结果如图 8-10 所示。

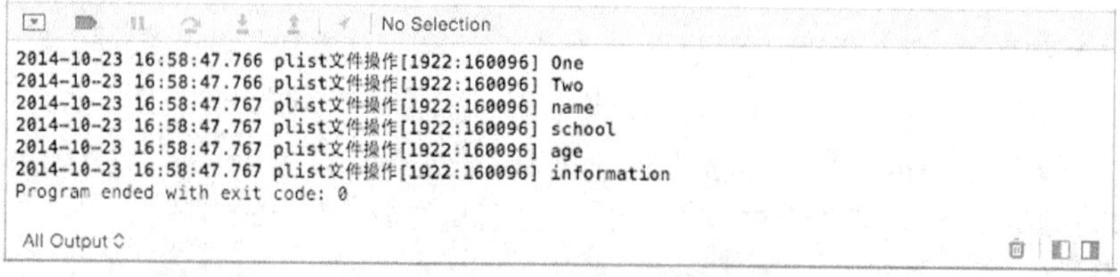

图 8-10　例 8-3 运行结果

　　在例 8-3 中，第 4 行代码创建数组 array，并将数据存入数组中；第 7 行代码把 array 对象中的数据写到一个名为 array.plist 的文件中。通过路径找到 array.plist 文件，双击打开该文件。该文件内容如图 8-11 所示。

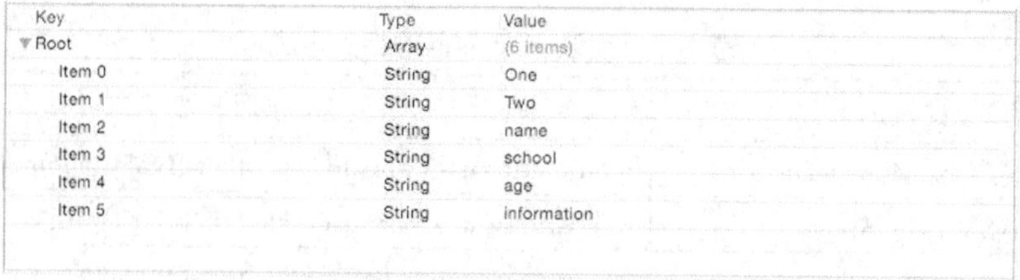

图 8-11　array.plist 文件结构

8.2 NSFileManager 类

实际开发中，经常需要操作系统上的文件或目录，例如，创建一个文件、重命名文件、复制文件等。Foundation 框架提供了一个 NSFileManager 类，该类提供了一系列操作文件或目录的方法，接下来，本节将针对这些方法进行详细讲解。

8.2.1 NSFileManager 类操作目录的方法

在实际开发中，应用程序产生的数据都会保存到不同的目录下。要想操作这些目录，可以使用 NSFileManager 类，该类提供了许多操作目录的方法，包括获取指定文件的目录、更改目录、遍历目录等。表 8-3 列举了 NSFileManager 类常见的操作目录的方法。

表 8-3　NSFileManager 类操作目录的常用方法

方法名称	功能描述
－ (NSString *)currentDirectoryPath	用于获取当前目录的路径
－(BOOL)changeCurrentDirectoryPath: (NSString *)path	更换现行工作目录的路径到指定的路径
－ (BOOL)copyItemAtPath:(NSString *)srcPath toPath: (NSString *)dstPath error:(NSError **)error	把一个项目从指定的路径同步复制到一个新的路径
－ (BOOL) createDirectoryAtPath:(NSString *)path withIntermediateDirectories:(BOOL)createIntermediates attributes: (NSDictionary *)attributes error:(NSError **) error	用特定的属性按照指定的路径创建一个目录
－(BOOL)fileExistsAtPath: (NSString *)path isDirectory (BOOL)flag	判断指定的路径下的文件或目录是否存在
－(NSArray *)contentsOfDirectoryAtPath: (NSString *) path error: (NSError **)err	以数组的形式返回指定路径下目录中的文件
－(BOOL)removeItemAtPath: (NSString *)path error: (NSError **) err	删除一个指定路径下的文件或者目录，删除成功返回 YES,不成功返回 NO
－(BOOL) copyItemAtPath: (NSString *)from toPath: (NSString *) to error: (NSError **)err	把一个项目从指定的路径同步复制到一个新的路径
－(BOOL)moveItemAtPath: (NSString *)from toPath: (NSString *)to error: (NSError **)err	同步地将一个指定路径下的文件或者目录移动到一个新的位置

表8-3列举了使用NSFileManager类操作目录的常见方法。除currentDirectory和contentsOfDirectoryAtPath 方法外，其他方法的返回值都为 BOOL 类型，用于指定 NSFileManager 对目录的操作是否成功，如果成功，则返回 YES，否则返回 NO。接下来，通过一个具体案例来学习如何使用 NSFilemanager 类的方法操作目录，如例 8-4 所示。

例 8-4　main.m

```
1 #import <Foundation/Foundation.h>
2   int main(int argc, const char * argv[]) {
3     @autoreleasepool {
4     //创建文件管理器对象
5     NSFileManager *fileManager = [NSFileManager defaultManager];
```

```
6      //获取当前目录

7      NSString *path = [fileManager currentDirectoryPath];

8      NSLog(@"当前目录路径是：%@",path);

9      //创建一个新目录

10     NSString *directoryName = @"testDirectory";

11     if ([fileManager createDirectoryAtPath:directoryName

12     withIntermediateDirectories:YES attributes:nil error:nil] == YES)

13     {

14          NSLog(@"创建了一个新目录。");

15     }

16  }

17return 0;

18 }
```

程序的运行结果如图 8-12 所示。

图 8-12 例 8-4 运行结果

在例 8-4 中，第 5 行代码通过使用 NSFileManager 类的 defaultManager 方法获取到了一个 NSFileManager 对象，第 7 行代码调用 currentDirectory Path 方法获取到当前的目录，第 11~12 行代码调用 createDirectoryAtPath 方法在当前目录下创建一个新的目录。从图 8-12 中可以看出，程序正常输出了当前目录，并输出创建了一个新目录。为了检测新目录是否创建成功，使用 Finder 根据文件路径打开目录文件夹，可以看到创建了新目录，如图 8-13 所示。

图 8-13 创建新目录

从图 8-13 中可以看出，在当前文件的目录下，新增了一个名为 testDirectory 的文件夹，说明例 8-4 程序中创建新目录的方法执行成功了。

8.2.2 NSFileManager 类操作文件的方法

NSFileManager 不仅提供了操作目录的方法，还提供了一系列操作文件的方法，表 8-4 列举了 NSFileManager 类操作文件的常见方法。

表 8-4　NSFileManager 类操作文件的常用方法

方法名	功能描述
-(NSData *) contentsAtPath：(NSString *)path	返回指定路径下的文件的内容
-(BOOL) createFileAtPath：(NSString *)path contents：(NSData *) data attributes：(NSDictionary *)attr	在一个指定的路径下，创建有具体内容和一定属性的文件
-(BOOL)fileExistsAtPath：(NSString *)path	测试文件是否存在
-(BOOL)isReadablefileAtPath: (NSString **)path	判断一个指定路径下的文件是否可读的权限
-(BOOL)isWritablefileAtPath: (NSString *)path	判断一个指定路径下的文件是否有可写的权限
-(NSDictionary *)fileAttributesAtPath：(NSString *)path traverseLink:(BOOL)flag	获取指定路径下文件的属性
-(BOOL)changeFileAttributes ：(NSDictionary *)attr atPath：(NSString *)path	更改指定路径下文件的属性

表 8-4 列举了 NSFileManager 类操作文件的常用方法，这些方法的使用比较简单。接下来，通过一个案例来演示如何使用 NSFileManager 对象创建文件，具体如例 8-5 所示。

例 8-5　main.m

```
1  #import <Foundation/Foundation.h>
2  int main(int argc, const char * argv[]) {
3      @autoreleasepool {
4          // 创建文件管理器
5          NSFileManager *fileManager = [NSFileManager defaultManager];
6          // 创建文件路径
7          NSString *creatFilePath = @"/Users/apple/Desktop/NSFilerManager";
8          //获取文件路径
9          NSString *fileName = [creatFilePath
10                     stringByAppendingPathComponent:@"student"];
11         //创建二进制数据
12         NSString *str = @"Welcome to itcast";
13         NSData *data = [str dataUsingEncoding:NSUTF8StringEncoding];
14         //在当前目录下创建文件
15         [fileManager createFileAtPath:fileName contents:
```

```
16                              data attributes:nil];
17        //判断文件是否存在
18        BOOL Exists=[fileManager fileExistsAtPath:createFilePath];
19        if (Exists) {
20            NSLog(@"文件创建成功");
21        }   return 0;
22    }
23}
```

程序运行后，结果如图 8-14 所示。

图 8-14 例 8-5 运行结果

在例 8-5 中，第 5 行代码创建了 1 个 NSFileManager 的实例对象；第 9 行代码获取的字符串是文件保存的路径，该路径是任意的；第 15～16 行代码将创建的二进制数据经过转码之后写入指定的文件。从图 8-14 中可以看出，程序显示文件创建成功了。这时，进入目录"/Users/apple/Desktop/NSFilerManager/"，可以看到该目录下增加了一个名为 student 的文件，如图 8-15 所示。

图 8-15 文件路径下增加的 student 文件

然后打开 student 文件，发现里面写入了数据"Welcome to itcast"。

文件创建成功后，就可以进行文件的复制操作，文件的复制操作是通过 copyItemAtPath 方法实现的。接下来，通过一个案例来学习文件的复制，具体如例 8-6 所示。

例 8-6 main.m

```
1 #import <Foundation/Foundation.h>
2 int main(int argc, const char * argv[]) {
```

```
3    @autoreleasepool {
4        // 创建文件管理器
5        NSFileManager *fileManager = [NSFileManager defaultManager];
6        //文件复制前的存储路径
7        NSString *srcPath=@"/Users/apple/Desktop/NSFilerManager/ student";
8        //文件复制后的存储路径
9        NSString *storePath=
10               @"/Users/apple/Desktop/NSFilerManager/student_bak";
11       //判断源文件是否存在
12       BOOL isExists=[fileManager fileExistsAtPath:srcPath];
13       if (isExists) {
14           NSLog(@"所要复制源文件存在");
15           //开始文件复制
16           [fileManager copyItemAtPath:srcPath toPath:storePath error:nil];
17           //判断复制文件是否成功
18           BOOL Exists=[fileManager fileExistsAtPath:storePath];
19           if (Exists) {
20               NSLog(@"文件创建成功");
21           }
22       }else{
23           NSLog(@"所要复制的文件不存在");
24       }
25   }
26   return 0;
27 }
```

程序运行后, 结果如图 8-16 所示。

图 8-16   例 8-6 运行结果

在例 8-6 中, 第 5 行代码创建了 1 个 NSFileManager 的实例对象; 第 9 行代码拼接出了复制文件的存储路径; 第 12 行代码调用 fileExistsAtPath 方法判断源文件是否存在; 若存在, 则在第 16 行代码调用 copyItemAtPath 将源文件进行复制, 并写入指定存储路径。从图 8-16 中可以看出, 程序显示文件的复制操作成功了。这时, 进入目录 "/Users/apple/Desktop/NSFilerManager/", 发现文件夹中多了一个名为 student_bak 的文件, 如图 8-17 所示。

然后打开 student_bak 文件, 发现里面写入了数据 "Welcome to itcast"。这里需要注意的是，在进行文件的复制、重命名、移动操作时，如果目标文件已经存在，则文件操作会失败。

图 8-17　文件路径下的 student_bak 文件

8.3　本章小结

　　本章首先讲解了 plist 文件的基本操作，然后讲解了 Foundation 框架中 NSFileManager 类的常用方法，包括文件的打开、复制以及文件的读写。通过本章的学习，大家应该熟练掌握文件的读写操作，可以游刃有余地进行各种文件操作。

PART 9

第 9 章
开发第一个 iOS 程序

📖 **学习目标**

■ **学**会编写第一个 iOS 程序

■ 对自己所学的知识更加有信心

通过前面几章的学习，相信大家对 OC 语言有了一定的掌握。Objective-C 作为一门编写 iOS 程序的语言，主要用于编写 iOS 程序。本章将带领大家开发第一个 iOS 程序，体验 iOS 开发带来的乐趣。

9.1 iOS 开发必备知识

9.1.1 iOS 概述

iOS 全称为 iPhone Operating System。它是由苹果公司开发的操作系统，就像平时我们在电脑上用的 XP、Win7 一样，都是操作系统。但 XP、Win7 是 PC 操作系统，是用于电脑的操作系统；而 iOS 是由苹果公司开发的手持设备操作系统，目前搭载这款操作系统的设备有：iPhone、iPad、iPod touch、iPad mini。也就是说，iPhone 上的所有软件都是运行在 iOS 操作系统上的。当 iPhone 开机的时候，首先会运行 iOS 操作系统，操作系统运行成功后，我们就可以在 iPhone 上打开相应的应用软件来玩游戏、聊天、看电影了。

iOS 系统版本最早出现于 2007 年 1 月 9 日的苹果公司 Macworld 大会上，最初是设计给 iPhone 使用的，后来陆续套用到 iPod touch、iPad 以及 Apple TV 等产品上。iOS 与苹果的 Mac OS X 操作系统一样，也是以 Darwin 为基础的，同样属于类 Unix 的操作系统。原本这个系统名为 iPhone OS，因为 iPad，iPhone，iPod touch 都使用 iPhone OS，所以 2010WWDC 大会上宣布将其改名为 iOS（iOS 为美国 Cisco 公司网络设备操作系统注册商标，苹果改名已获得 Cisco 公司授权）。

iOS 开发指的是开发运行在 iOS 系统上的应用或者游戏软件，也就是可以开发一些运行在 iOS 设备上的软件，比如手机 QQ、微博或者植物大战僵尸等。开发 iOS 程序的工具同样是 Xcode，它只有 Mac 版本，只能运行在 Mac OS X 系统上，也就是说，我们只能在 Mac OS X 系统上开发 iOS 程序，不能在 Win 7 等其他系统上开发 iOS 程序。

9.1.2 iOS SDK 介绍

苹果公司在发布 iOS 系统的同时，提供了本地化应用程序开发包，又称之为 iOS SDK，它是一套基于 iOS 操作系统的开发套件。iOS SDK 开发套件当中包含了开发、安装及运行本地应用程序所需的工具和程序库。开发者需要使用 iOS 系统框架和 OC 语言来构建应用程序，并且将其直接运行于 iOS 设备。

iOS SDK 作为开发者开发应用程序的套件，其中包含了一些开发工具和相关文档，主要包括有 Xcode 工具、Interface Builder、Instruments、iPhone 模拟器和 iOS 帮助文档，关于这些工具和文档的相关讲解具体如下。

● Xcode 工具

Xcode 是一个集成开发环境，它包含了创建工程，编写源文件代码，编译链接可执行文件，甚至是运行代码，或用于测试的 iPhone 模拟器，以及调试代码所需的各种工具。在 iOS 系统中开发应用程序，需要一台运行 Mac OS X 系统的计算机，并安装 Xcode 工具。

● Interface Builder

Interface Builder，简称 IB，是一种以可视化组装用户交互界面的工具。通过 Interface Builder 创建出来的接口对象将会保存到某种特定格式的资源文件，并在运行时加载到应用程序。Interface Builder 以所见即所得的方式组装用户界面。开发者通过 Interface Builder，可以把事先配置好的组件拖动到应用程序窗口，并最终组装出应用程序的用户界面，这是一种非常简单而且直观的操作。

● Instruments

Instruments 是一款用于应用程序运行时的性能分析和调试工具。开发者可以通过 Instruments 收集应用程序运行时的行为信息，并利用这些信息来确认可能存在的问题，从而避免发生错误，导致用户体验不好的情况发生。在 iOS 应用程序运行于模拟器或设备上时，开发者可以利用 Instruments 环境来分析其运行性能。

● iPhone 模拟器

iPhone 模拟器是 Mac OS X 平台的应用程序，它对 iOS 技术栈进行模拟，以便开发者可以在基于 Intel 的 Macintosh 上测试 iOS 应用程序。换句话说，iPhone 模拟器就是一个在 Mac 上运行的 iOS 设备的模拟应用程序，它通常被包含在 iOS SDK 当中。iPhone 模拟器主要是为了方便开发者测试程序，但是它不能取代真正的 iOS 设备，它也不具备 iOS 设备的所有功能，如随意翻转和感知加速度等。

● iOS 帮助文档

iOS 帮助文档包含各种文档、样例代码以及教程，这些材料可以为编写应用程序提供帮助。开发者可以从苹果开发者网站 http://developer.apple.com/library/mac/navigation/index.html 访问 iOS 帮助文档，也可以打开 Xcode 工具，在屏幕最上方的 Xcode 工具栏中点击【Help】→【Documentation And API Reference】，访问文档窗口的主界面。还可以在 Xcode 编辑 OC 代码时，快速访问某个特定的头文件、方法或类——将光标定位到需要搜索的类、方法或变量上，按住 option 键，同时单击，就会看到所选择内容的简介。

9.2 开发第一个 iOS 程序

通过对 9.1 小节的学习，我们知道了开发 iOS 的相关知识，为了使大家对 iOS 程序开发有进一步了解，本节将带领大家开发一个 iOS 程序小应用。

9.2.1 创建工程

要使用 Xcode 编写程序，首先需要创建一个项目，项目可以帮助大家更好地管理代码文件和资源文件，创建项目的具体步骤如下所示。

（1）打开 Xcode 工具，弹出欢迎使用 Xcode 的对话框，具体如图 9-1 所示。

图 9-1　Xcode 的欢迎页面

（2）选择图 9-1 所示的【Create a new Xcode project】选项，弹出选择文件类型对话框，选择【iOS】→【Application】→【Single View Application】，如图 9-2 所示。

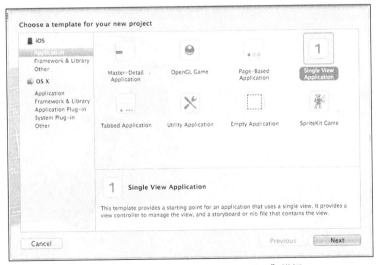

图 9-2　选择"Single View Application"模板

（3）单击图 9-2 所示的【Next】按钮，进入填写项目信息的对话框，填写项目名称、组织名称和标识符，以及类前缀，结果具体如图 9-3 所示。

在图 9-3 中，项目名称输入"第一个 iOS 程序"，组织名称输入"itcast"，域名输入"cn.itcast"，类前缀输入"CZ"，设备类型选择"iPhone"。

（4）点击图 9-3 所示的【Next】按钮，弹出项目保存位置的窗口，如图 9-4 所示。

（5）点击图 9-4 所示的【Create】按钮，一个名为"第一个 iOS 程序"的项目就创建好了，项目创建好的界面如图 9-5 所示。

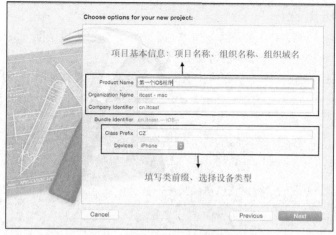

图 9-3　需要填写项目名称的界面

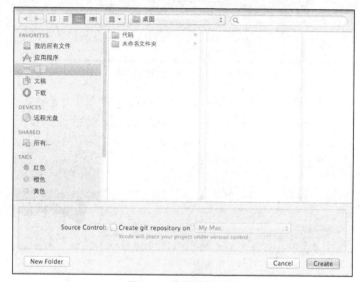

图 9-4　选择保存目录

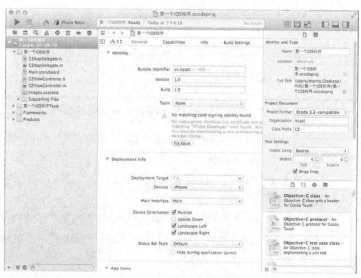

图 9-5　Xcode 开发主界面

从图 9-5 中可以看出左侧窗口中"第一个 iOS 程序"文件夹下有 5 个文件。其中，CZAppDelegate.h、CZAppDelegate.m 这两个文件是 iOS 的项目入口；Main.storyboard 是一个视图操作界面；CZViewController.h、CZViewController.m 这两个文件是系统自动创建的视图控制器文件，可以实现手机页面的设计。

9.2.2　实现基本交互

项目创建好之后，就可以真正开发第一个 iOS 程序了。在此，我们要开发的是一个"加法计算器"，程序完成后的效果图如图 9-6 所示。

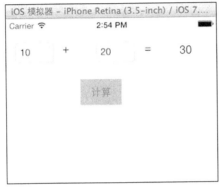

图 9-6　程序完成效果图

图 9-6 就是这个加法计算器完成后的效果图。要想开发这个加法计算器程序，需要分为两部分实现，分别是设计用户界面和实现代码交互。关于这两部分的详细步骤如下所示。

1．设计用户界面

（1）点击如图 9-5 所示的左侧窗口的 Main.storyboard 文件，进入 Main.storyboard 编辑界面。Main.storyboard 文件界面的功能分区如图 9-7 所示。

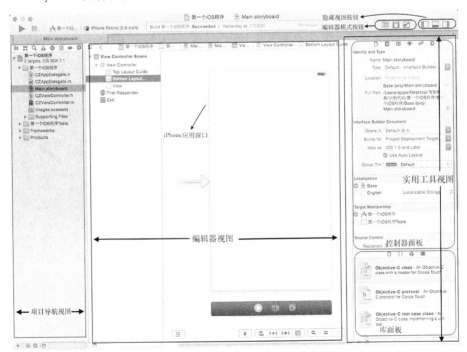

图 9-7　Main.storyboard 文件界面的功能分区

从图 9-7 中可以看出 Xcode 操作窗口主要分为 3 块，分别是项目导航视图、编辑器视图以及实用工具视图。实用工具视图又分为控制器面板和库面板。

（2）进入图 9-7 界面后，点击库面板上方从左数第三个，即类似正方体的按钮，或者在 Xcode 设置栏里选择【View】→【Utilities】→【Show Object Library】打开对象库，点击库面板下方，搜索栏左边的九宫格按钮，对象库就会以九宫格的形式出现在库面板上。如图 9-8 所示。

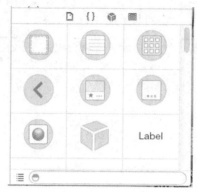

图 9-8　对象库

在图 9-8 中每个格子中都有一个控件，每一个控件都是一个对象，这些对象可以拖动显示到 iPhone 应用窗口上。根据图 9-6 程序完成效果图可知，做"加法计算"小应用时，需要有两个文本输入框，用来录入数字；需要三个标签，用来显示"+"和"="这两个符号，以及显示计算结果；需要一个按钮，通过点击按钮控件来执行计算。在对象库里，文本输入框是 Text 控件，标签是 Label 控件，按钮是 Button 控件。

（3）在对象库里找到 Text 控件，点击控件并按住鼠标，把控件拖动到 iPhone 应用窗口中。以同样的方式，再向 iPhone 应用窗口中拖一个 Text 控件和三个 Label 控件，以及一个 Button 控件。如图 9-9 所示。

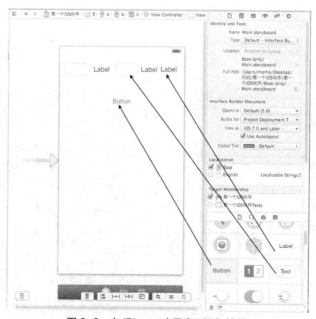

图 9-9　向 iPhone 应用窗口添加控件

（4）选中 iPhone 应用窗口上的一个 Label 控件，双击 Label 控件，当其背景变为蓝色可键入时，通过键盘输入"+"。其他的 Label 和 Button，通过同样的方式，修改成图 9-6 应用完成效果图上的样式。计算显示结果的 Label 修改成"0"。如图 9-10 所示。

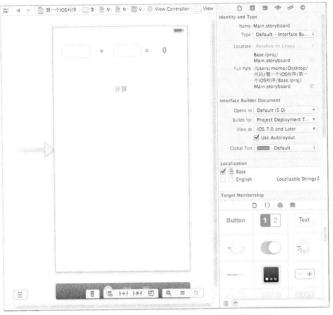

图 9-10　修改 Label 和 Button 控件的文字

（5）点击文本输入框，并在 Main.storyboard 文件界面的检查器面板最上方发现有 6 个按钮，点击从左数起第 4 个按钮，就会出现当前控件的一系列属性。找到【Keyboard】→【Number Pad】，设置 Text 文本输入框的文字属性，另一个 Text 输入框的设置也是一样，如图 9-11 所示。

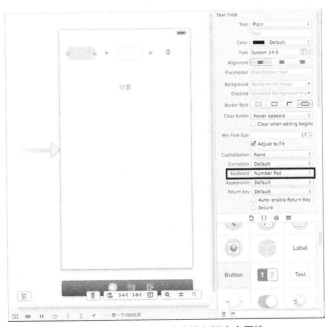

图 9-11　设置 Text 文本输入框文字属性

（6）设置 Button 按钮的背景颜色，选中 Button 按钮，在属性设置界面找到【Background】属性，把按钮背景改为灰色。如图 9-12 所示。

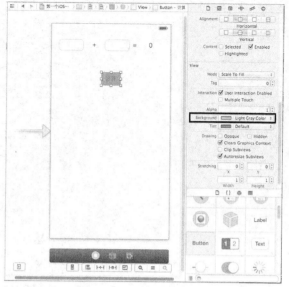

图 9-12　设置按钮背景颜色

需要注意的是，Button 控件有两个【Background】属性，第一个是用来设置按钮的背景图片，第二个是用来设置按钮的背景颜色。在第二个【Background】属性下拉框中可以选择需要的颜色，设置按钮的背景颜色，这里使用的就是第二个【Background】属性。

（7）点击程序运行按钮对程序运行之后，就会弹出一个 iOS 模拟器，当前程序就会出现在 iPhone 模拟器上。在第一次启动 iPhone 模拟器时，启动的时间可能会稍长。点击 Text 文本输入框，会弹出只有数字的键盘，点击键盘上的数字，数字就会显示在文本输入框中，如图 9-13 所示。

图 9-13　程序运行在 iPhone 模拟器上

2．实现代码和界面交互

完成了"加法计算器"的基本界面后，接下来，需要编写代码，实现与界面的交互。点击【计算】按钮后，应计算出两个 Text 文本输入框中数字的和，并把结果显示在当前为"0"的位置上。此功能的实现，首先需要对【计算】按钮进行监控；然后计算两个 Text 文本框中数字的和；再把结果显示在界面上，具体如下。

（1）点击如图 9-7 所示的窗口的右上角"编辑器模式按钮"的第二个按钮，会打开和 iPhone 应用视图相关联的 CZViewController.m 代码文件。在代码上方找到【Automatic】点击文件名 CZViewController.m 选择 CZViewController.h 文件。点击隐藏视图按钮的第三个按键，把右侧的 Main.storyboard 文件界面右侧的实用工具视图隐藏，如图 9-14 所示。

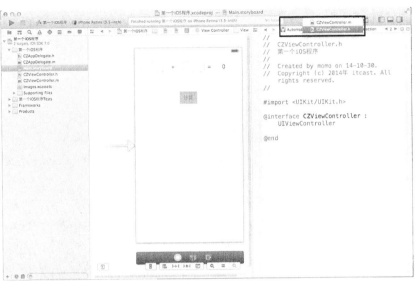

图 9-14　和 iPhone 应用视图相关联的 CZViewController.h 代码文件

（2）单击【计算】按钮，右击鼠标，会弹出一个黑色图框界面。点击界面上【Touch Up Inside】后的白色空心圆圈，按住拖线到 CZViewController.h 文件的@interface 和@end 中间。会看到有一条蓝色的水平线，并出现 Insert Action 提示字样，如图 9-15 所示。

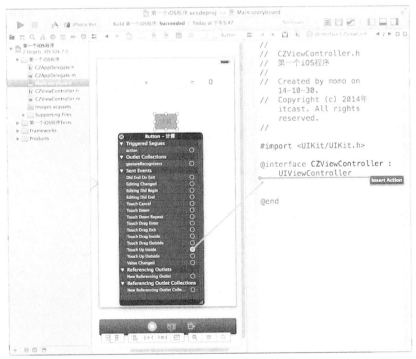

图 9-15　将按钮和方法声明进行关联

（3）在图 9-15 的基础上，松开鼠标，会弹出一个白色窗口。在【Name】后的文本输入框里填写名称，如 computerClick，并把【Arguments】参数选为【None】类型，如图 9-16 所示。

图 9-16　填写名称并选择参数类型

（4）在图 9-16 的基础上，点击【Connect】按钮，在 CZViewController.h 文件中就会出现一个 computerClick 方法，如图 9-17 所示。

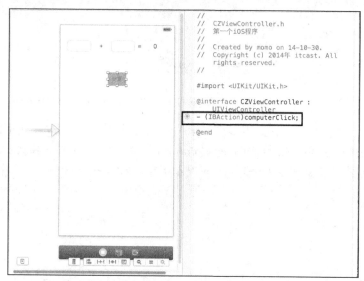

图 9-17　CZViewController.h 文件中的 computerClick 方法

（5）在代码上方【Automtaic】后把文件名 CZViewController.h 重新选择为 CZViewController.m，就会发现在当前文件中有一个名为 computerClick 的实现方法，在该方法中编辑代码输出"按钮监控成功"字符串，如图 9-18 所示。

（6）运行程序，在 iPhone 模拟器上点击【计算】按钮，当 Xcode 控制台输出"按钮监控成功"字样时，说明对【计算】按钮监控成功，如图 9-19 所示。

（7）重新把【Automatic】右边的文件改选为 CZViewController.h 文件，选中 Text 文本输入框，通过按住键盘快捷键【Ctrl】，并点击鼠标拖线到 CZViewController.h 文件，会再次弹出一个要填写名称的窗口。填写完名称，点【Connect】按钮，CZViewController.h 文件上就会出现一个和刚才命名一样的属性。通过这种办法可以对另一个 Text 文本输入框和"0"标签控件进行控件和代码关联，如图 9-20 所示。

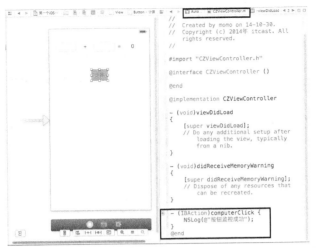

图 9-18　CZViewController.m 文件中的 computerClick 实现方法

图 9-19　测试按钮监测成功

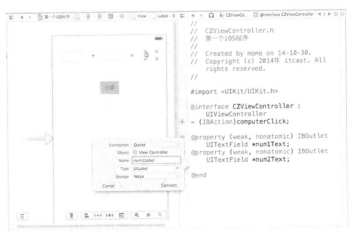

图 9-20　控件与代码进行关联

需要注意的是，如果【Connection】后边是 Outlet，表示会生成一个属性，而【Connection】后边如果是 Action，表示会生成一个方法。

（8）对控件监控成功后，选择 CZViewController.m 文件，在 computerClick 方法中，实现加法计算，并管理 iPhone 模拟器的键盘。对 CZViewController.m 编写、修改后，代码如下所示：

```
1 #import "CZViewController.h"
2 @interface CZViewController ()
3 @end
4 @implementation CZViewController
5 - (void)viewDidLoad
6 {
7     [super viewDidLoad];
8     //让第一个文本输入框成为第一响应者
9     [self.num1Text becomeFirstResponder];
10 }
11 - (IBAction)computerClick {
12    NSLog(@"按钮监控成功");
13    //1.获取两个文本输入框的值
14    NSString *num1Str = self.num1Text.text;
15    NSString *num2Str = self.num2Text.text;
16    //2.计算两个文本输入框的值
17    int result = [num1Str intValue] + [num2Str intValue];
18    NSLog(@"两个文本框的和为：%d",result);
19    //3.显示和
20    self.num1Label.text = [NSString stringWithFormat:@"%d",result];
21    //4.隐藏键盘
22    [self.num1Text resignFirstResponder];
23    [self.num2Text resignFirstResponder];
24 }
25 @end
```

（9）运行程序，在 iPhone 模拟器中测试程序，结果如图 9-21 所示。

在上述代码中，第 11 行代码中方法的返回值类型是 IBAction，Xcode 对这个标识符理解为响应事件，当点击计算按钮时会响应这个方法。该方法首先会获取两个文本框输入 NSString 类型的值，然后将这两个 NSString 类型的值转化为 int 类型的值并进行相加，最后将相加的结果赋给结果标签显示出来。至此，第一个 iOS 程序开发完成了。

图 9-21　程序运行成功

9.3　展望未来

学到这里，大家也许对怎么做一个 iOS 程序已经有一个大致地了解，本书主要讲 Objective-C 也是为学习 iOS 打基础的。Objective-C 只是一门语言，一个操作 iOS 的工具，打牢 OC 语法的基础对于 iOS 后续的学习至关重要。

iOS 系统是开发者最为熟悉的程序开发库。在以后 iOS 的学习中，也要了解掌握 iOS 设备、iOS 框架结构、SDK、用户界面、人机交互等内容。iOS 应用开发并不是一个一蹴而就的过程，要在实际开发的过程中经历各种磕磕碰碰，才能最终完成一款自己和用户都满意的应用。

具体来说，在开发的过程中，我们不可避免地会遇到各种语法问题、运行时错误、控件的使用问题、各种框架、库函数的使用问题等困难。而在面对一些陌生的技术、新问题的时候，更是不知从何下手。在遇到这些困难的时候，请大家千万不要着急慌张，也千万不要怀疑自己的能力。遇到问题是正常的，每一个开发者在应用的开发过程中都会遇到各种各样层出不穷的问题。你完全可以相信一点——你在开发中遇到的问题，十有八九已经有大神们遇到过并成功解决了。下面具体地谈谈这个问题。

首先，对于一些没接触过、不懂得怎样使用的界面控件或功能，开发者要尝试查阅开发者文档，开发者可以利用苹果公司提供的大量代码例子（Code Samples）来进行照猫画虎式的学习。这些代码例子实际上是一系列由专业人员开发好的样例。

其次，当在编程的过程中遇到一些棘手的错误，却又搞不清原因和解决的办法时，可以尝试在网络上搜索一下相应的错误信息，看看别人是怎么解决的。网络上有不少开发者的讨论社区，是专门针对于编程开发的，提供一些开源的框架和进行技术的讨论。其中一个比较常用的是 www.StackOverflow.com，如图 9-22 所示。

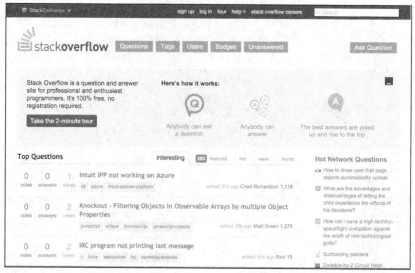

图 9-22　www.Stackoverflow.com 页面

这是当前人气较旺，管理也较为健全的一个优良社区。在这个社区里我们往往能找到许多困扰我们的 iOS 开发方面问题的解决方案。由于 StackOverflow 是一个国外网站，其中包含的内容有时或许不太"接地气"，和国内开发者的习惯和需要有些出入，大家有时也可以参考 Cocoa 开发中文站 www.cocoachina.com 或者 CSDN 全球最大中文 IT 社区 http://www.csdn.net 等优秀中文 iOS 社区上的内容，更快捷地找到自己所需的内容，结识志同道合的朋友，在日积月累中学到 iOS 开发的点点滴滴。

最后，对于程序设计和应用开发而言，积累是一个重要的习惯，也是一个必经的过程。无论是严谨的代码习惯、逐渐提高的调试技巧还是逐步形成的面向对象程序设计思想，都是需要在长期的编程及开发实践中逐渐养成的。当然，对于开发者来说，要积累的可能还包括对用户需求的洞察能力。

从大方向来看，iOS 从 2007 年发布以来发展异常迅猛，是个极具吸引力的平台。近几年，移动互联的发展非常迅速，各大公司也不断推出自己的移动终端产品，都想在移动互联领域占有一席之地。iOS 作为各种移动应用平台中最具代表性、最为成熟的平台类别，其设备的一致性以及其背后支持者苹果公司的实力都毋庸置疑。开发者只有扎实地学好 iOS 才能成为最后的赢家。

9.4　本章小结

作为全书的最后一章，本章通过具体的例子，讲述了开发一个程序需要什么样的条件，同时利用 Xcode 工具以可视化界面的方式布局一个视图，并且模拟运行一个 iOS 程序。本章的最后为读者讲述了继续学习和积累开发技术的意义和一些具体方法，为读者指明了方向。